金属塑性成形仿真及应用

——基于DEFORM

龚红英 王 斌 吴华春 著

DEFORM

 化学工业出版社

·北京·

内 容 简 介

本书首先对金属塑性成形 CAE 分析涉及的基础理论，尤其是体积成形相关塑性理论及 DEFORM 软件的基本特点等进行了详细阐述，然后以板料成形有限元分析软件 DEFORM V12.0 为平台，结合著者多年从事相关领域的教研经验以及合作企业的技术人员的丰富实践经验进行了实例分析。本书实例部分着重选取了 8 个典型金属塑性成形工艺及采用相应工艺成形的工件作为模拟实例，对实例中所涉及的零件塑性成形过程和成形工艺步骤进行全面阐述，将基于 DEFORM V12.0 软件进行工件塑性成形 CAE 分析的模型建立、前置处理、求解计算以及后置处理等环节工作做了详尽阐述，以引导读者掌握应用 DEFORM V12.0 软件，提升解决板料冲压成形工程实际问题的能力和技能。

本书可作为高等材料加工工程专业院校的专科、本科以及硕士研究生等的专业教材或参考书，也可作为从事金属塑性成形方向 CAE 分析的工程技术人员学习和培训使用 DEFORM V12.0 软件的初/中级应用教程。

图书在版编目（CIP）数据

金属塑性成形仿真及应用：基于 DEFORM / 龚红英，王斌，吴华春著. —北京：化学工业出版社，2024.4
ISBN 978-7-122-45172-9

Ⅰ.①金…　Ⅱ.①龚…　②王…　③吴…　Ⅲ.①金属压力加工—塑性变形—计算机辅助分析　Ⅳ.①TG301

中国国家版本馆 CIP 数据核字（2024）第 048757 号

責任编辑：刘丽宏　　　　　　　文字编辑：赵　越
责任校对：王　静　　　　　　　装帧设计：王晓宇

出版发行：化学工业出版社
　　　　　（北京市东城区青年湖南街 13 号　邮政编码 100011）
印　　刷：北京云浩印刷有限责任公司
装　　订：三河市振勇印装有限公司
787mm×1092mm　1/16　印张 14¼　字数 360 千字
2024 年 6 月北京第 1 版第 1 次印刷

购书咨询：010-64518888　　　　售后服务：010-64518899
网　　址：http://www.cip.com.cn
凡购买本书，如有缺损质量问题，本社销售中心负责调换。

定　　价：79.80 元　　　　　　　版权所有　违者必究

前　言

随着我国汽车、航天、航空、模具、电子电器及日用五金等工业的迅速发展，制造企业和相关研究部门的技术人员对板料冲压成形工艺分析研究，以及采用先进金属塑性成形 CAE 分析技术进行具体零件成形分析研究的需求与日俱增。撰写本著作正是为了让本专业领域技术人员掌握金属塑性成形 CAE 研究相关理论，将金属塑性成形 CAE 分析技术，尤其是将目前常用的专业分析软件——DEFORM V12.0 应用到实际生产环节。

本著作是一本理论与实际操作相结合的专业课程及技能培训书籍，是著作者们多年从事相关工作的结晶。本书涉及的主要内容：

（1）对金属塑性成形 CAE 技术涉及的基本理论进行阐述。此部分内容涉及在进行金属塑性成形 CAE 分析时需要掌握的工艺及如何基于 DEFORM V12.0 软件进行金属成形 CAE 分析模拟试验。

（2）对典型金属塑性成形模拟实例进行阐述。此部分内容涉及采用 DEFORM V12.0 软件进行典型体积成形模拟及进行热处理工艺模拟等，选取 8 个典型冲压成形实例，详细讲解以 DEFORM V12.0 软件为平台进行工件塑性成形 CAE 分析的具体操作步骤及工艺设置。

上海工程技术大学龚红英教授全面负责本书撰写工作，同时感谢项目合作企业的王斌工程师和吴华春工程师共同合作完成了本著作撰写工作，并对本著作实例部分撰写工作给予了大力支持。此外需要特别感谢上海工程技术大学材料加工工程研究生叶恒昌、赵江波、张志强、兰毅、吴玥、刘尚保、尤晋、杨靖琪、邱文宇等参与相关实例部分模拟试验和部分章节内容撰写，他们积极参与和协助著者们完成了所有实例模拟的试验调试和参数修正工作，正是他们积极参与和协助，才使得本书能顺利完成，在此对所有为此书付出心血和汗水的参与者表示衷心感谢！

本书可作为高等院校材料加工工程专业的专科、本科以及硕士研究生等的专业教材或参考书，也可作为从事金属塑性成形方向 CAE 分析的工程技术人员学习和培训使用 DEFORM V12.0 软件的初/中级应用教程。

由于著者水平有限，不足之处难免，欢迎读者不吝赐教。书籍相关学习资源可以加入QQ群（747589831）免费获得。

著者

目 录

DEFORM

第1章 金属塑性成形与 DEFORM 软件概述 **001**

1.1 金属体积成形仿真基本理论 ·············· 001
   1.1.1 有限元计算的特点 ·············· 001
   1.1.2 有限元计算和体积成形仿真 ·············· 002
   1.1.3 有限变形的应变张量 ·············· 003
   1.1.4 有限变形的应力张量 ·············· 005
   1.1.5 几何非线性有限元方程的建立 ·············· 006
   1.1.6 有限元求解算法 ·············· 008
1.2 金属体积成形 CAE 仿真关键技术 ·············· 010
   1.2.1 金属体积成形仿真分析基本流程 ·············· 010
   1.2.2 金属体积成形仿真分析若干关键技术 ·············· 014
   1.2.3 金属体积成形仿真技术能解决的主要问题 ·············· 017
1.3 金属体积成形仿真技术研究现状及发展概述 ·············· 025
1.4 金属体积成形仿真软件——DEFORM 简介 ·············· 030
   1.4.1 DEFORM软件 ·············· 030
   1.4.2 DEFORM V12.0系统 ·············· 033
   1.4.3 DEFORM V12.0 的主要功能模块 ·············· 034

第2章 镦粗成形仿真及分析 **036**

2.1 镦粗成形特点及工艺简介 ·············· 036
2.2 镦粗模拟仿真试验 ·············· 036
   2.2.1 创建新项目 ·············· 036
   2.2.2 设置模拟控制 ·············· 038
   2.2.3 设置材料 ·············· 039
   2.2.4 加载坯料与模具 ·············· 041

2.2.5 定义位置关系 ································· 047

2.2.6 定义接触关系 ································· 048

2.2.7 定义步数 ······································ 049

2.2.8 产生DB文件 ··································· 051

2.2.9 提交求解器求解基本步骤 ················· 051

2.3 镦粗模拟仿真试验后处理分析 ··············· 052

2.3.1 查看变形过程 ································· 053

2.3.2 查看状态变量 ································· 054

2.3.3 查看曲线图 ··································· 054

2.3.4 退出后处理窗口 ····························· 054

3 第3章 模锻成形仿真及分析 055

3.1 模锻成形特点及分类 ························· 055

3.2 车用对接轴仿真试验及结果分析 ············ 056

3.2.1 创建新项目 ··································· 056

3.2.2 设置模拟控制 ································· 058

3.2.3 设置材料 ······································ 058

3.2.4 加载坯料及上下模 ·························· 059

3.2.5 定义位置关系 ································· 065

3.2.6 定义接触关系 ································· 066

3.2.7 定义步数 ······································ 067

3.2.8 产生DB文件 ··································· 068

3.2.9 提交求解器求解基本步骤 ················· 069

3.3 模锻成形有限元模拟试验后处理分析 ······· 071

3.3.1 查看变形过程 ································· 071

3.3.2 查看状态变量 ································· 071

3.3.3 查看曲线图 ··································· 073

3.3.4 退出后处理窗口 ····························· 074

4 第4章 冲压成形仿真及分析 075

4.1 冲压成形特点及分类 ························· 075

4.2 车用螺纹连接板冲压仿真试验 ··············· 076

4.2.1 创建一个新的问题 ·························· 076

4.2.2 设置模拟名称及模式 ·· 077

4.2.3 定义毛坯材料及模具几何模型 ·································· 078

4.2.4 定义上模及运动设置 ·· 080

4.2.5 定义压边圈 ·· 081

4.2.6 调整工件位置 ·· 081

4.2.7 设置接触关系 ·· 082

4.2.8 设置停止条件 ·· 083

4.2.9 模拟控制设置 ·· 084

4.2.10 检查生成数据库文件 ·· 085

4.2.11 模拟和后处理分析 ··· 086

4.3 单因素试验方案优化 ··· 087

5 第5章 轧制成形仿真及分析 090

5.1 轧制成形特点及分类 ··· 090

5.1.1 辊轧成形原理及特点 ··· 091

5.1.2 辊轧成形的流动特点 ··· 091

5.2 轧制成形仿真 ··· 093

5.2.1 创建一个新问题 ··· 093

5.2.2 添加型材轧制操作 ·· 093

5.2.3 设置工艺条件 ·· 094

5.2.4 定义工件 ·· 095

5.2.5 定义轧槽 ·· 098

5.2.6 进行道次设置 ·· 099

5.2.7 3D设置 ·· 100

5.2.8 模拟控制 ·· 101

5.2.9 轧制道次设置 ·· 102

5.2.10 机架表设置 ·· 103

5.2.11 定义上轧辊 ·· 104

5.2.12 定义下轧辊 ·· 106

5.2.13 后机架设置 ·· 108

5.2.14 前机架设置 ·· 110

5.2.15 推杆对象设置 ··· 112

5.2.16 定义对象定位 ··· 113

5.2.17 接触关系的定义 ·· 114

5.2.18 模拟控制页面的定义 ·· 114

5.2.19 检查并生成模拟文件 ···················· 115

5.2.20 运行模拟 ···················· 116

5.3 运行后处理 ···················· 117

6 第6章 锻造成形仿真及分析   **119**

6.1 锻造成形工艺特点 ···················· 119

6.2 车用齿轮热锻仿真试验及结果分析 ···················· 119

6.2.1 齿轮热锻成形设置 ···················· 119

6.2.2 齿轮冷却设置 ···················· 130

6.2.3 齿轮冷锻成形设置 ···················· 132

6.2.4 模具磨损后处理 ···················· 138

6.3 车用齿轮热锻仿真优化及分析 ···················· 140

7 第7章 冷挤压成形仿真及分析   **142**

7.1 冷挤压成形特点及工艺简介 ···················· 142

7.2 车用蓄能器壳体件冷挤压仿真试验及结果分析 ···················· 142

7.2.1 车用蓄能器壳体特性分析及工艺简介 ···················· 142

7.2.2 初始设置（冷挤压） ···················· 143

7.2.3 温挤压热传导工序设置 ···················· 161

8 第8章 热挤压成形仿真及分析   **179**

8.1 热挤压成形特点及工艺 ···················· 179

8.2 车用蓄能器热挤压仿真试验及结果分析 ···················· 179

8.2.1 创建一个新的问题 ···················· 180

8.2.2 设置模拟名称及模式 ···················· 181

8.2.3 定义毛坯材料及模具几何模型 ···················· 181

8.2.4 定义热边界条件 ···················· 185

8.2.5 模拟控制参数设置 ···················· 185

8.2.6 检查生成数据库文件 ···················· 186

8.2.7 模拟和后处理 ···················· 186

8.3 坯料与下模热传导工序 ···················· 187

8.3.1 打开前处理文件 ···················· 187

8.3.2 设置模拟控制名称 ················ 188

8.3.3 定义上模 ···················· 188

8.3.4 定义下模 ···················· 189

8.3.5 调整工件位置 ················· 190

8.3.6 定义接触关系 ················· 191

8.3.7 设置模拟控制 ················· 191

8.3.8 检查生成数据库文件 ············ 191

8.3.9 模拟和后处理 ················· 192

8.4 热锻成形工序 ······················ 193

8.4.1 打开原数据文件 ··············· 193

8.4.2 改变模拟控制 ················· 193

8.4.3 设置坯料边界条件 ············· 194

8.4.4 添加体积补偿参数 ············· 195

8.4.5 上模对称及运动设置 ··········· 195

8.4.6 下模对称设置 ················· 197

8.4.7 定位上模 ···················· 197

8.4.8 设置接触关系 ················· 198

8.4.9 设置停止条件 ················· 198

8.4.10 模拟控制设置 ················ 199

8.4.11 检查生成数据库文件 ··········· 199

8.4.12 模拟和后处理 ················ 200

8.5 车用蓄能器成形优化及结果分析 ········ 202

9 第9章 热处理工艺仿真及分析 **204**

9.1 热处理工艺及分类 ·················· 204

9.2 热处理仿真试验及结果分析 ·········· 205

参考文献 ······························· 219

第1章

▲

金属塑性成形与 DEFORM 软件概述

1.1 金属体积成形仿真基本理论

金属塑性成形是金属加工的一种主要手段，它具有生产效率高、原材料消耗少、产品质量稳定且力学性能好的优点，因而在工业生产中占有极为重要的地位。当今，塑性成形技术朝着高精度、高质量、高效率、低成本以及数字化的方向发展，这就要涉及材料学、力学、机械与计算机等学科的交叉融合，具有知识密集、高增值、高技术的特点。金属体积成形是金属塑性成形的一个重要分支，它包括锻造、轧制、冷热挤压等。由于体积成形过程中材料的流动规律和变形体内部物理场量的分布状况都十分复杂，所以成形工艺和模具设计具有非线性的特点，设计过程不可能像流水线作业一样顺序实施，而必须经过设计—评价—再设计的多次反复。

随着计算机技术和数值计算方法的发展，基于有限元方法的体积成形数值模拟技术为模具的研制和成形过程的优化提供了一个强有力的工具。通过对金属体积成形过程进行数值模拟试验分析，设计人员可在计算机上观察设计参数对成形过程的影响，全面了解金属在变形过程中的应力、应变分布，预测成形缺陷，并可方便地调整设计参数直至得到满意的成形制件，从而可以缩短零件的开发成本和周期，增强产品的竞争力。为了准确把握金属体积成形性能，对实际金属零件的成形过程有充分的认识，在现代金属体积成形生产中，利用先进计算机仿真分析技术对具体零件的成形过程进行数值模拟分析，可以及早发现问题，改进模具设计，从而大大缩短调模试模周期，降低制模成本。正因为如此，金属体积成形仿真理论及技术研究，在近几十年中，一直是金属成形领域的研究热点之一。

1.1.1 有限元计算的特点

在工程或物理问题的数学模型（基本变量、基本方程、求解域和边界条件等）确定以后，有限元法作为对其进行分析的数值计算方法，一般计算步骤如下：

① 将一个表示结构或连续体的求解域离散为若干子域（单元），并通过它们边界上的点相互联结成为组合体。

② 用每个单元内所假设的近似函数来分片表示全求解域内待求的未知场变量，而每个单元内的近似函数由未知场函数或其导数在单元各节点上的数值和与其对应的插值函数来表达。由于在联结相邻单元的节点上，场函数具有相同的数值，因而将它们用作数值求解的基本未知量。求解原来待求场的无穷多自由度问题就转换为求解场函数节点值的有限自由度问题。

③ 通过和原问题数学模型等效的变分原理或加权余量法，建立求解基本未知量的代数方程组或常微分方程组。此方程组称为有限元求解方程，并表示为规范化的矩阵形式，然后用数值方法求解此方程，从而得出问题的答案。

有限元计算有以下特征：

① 对于复杂集合构型的适应性。单元在空间可以是一维、二维或三维的，而且每一种单元可以有不同的形状，同时各种单元之间采用不同的联结方式。有限元模型可以用来表示工程中实际遇到的十分复杂的结构。

② 对于多种物理问题的广泛应用性。使用单元内近似函数分片地表示全求解域的未知场函数，并不限制场函数所满足的方程形式，也不限制各单元所对应的方程必须是相同的形式。为了解决线弹性的应力问题从而提出了有限元法，随后推广到弹塑性问题、黏弹性问题、动力问题、屈服问题等一系列问题，并且进一步应用于流体力学问题、热传导问题。而且可以对不同物理现象相互耦合的问题进行处理。

③ 结合计算机使用具有一定的高效性。有限元分析的各个步骤可以表达成规范化的矩阵形式，求解方程可以统一为标准的矩阵代数问题，适合于计算机的编程和运行。

④ 理论基础上具有严格的可靠性。用于建立有限元方程的变分原理或加权余量法在数学上被证明是微分方程和边界条件的等效积分形式。如果单元是满足收敛准则的，则近似解最后收敛于原数学模型的精确解。

1.1.2 　有限元计算和体积成形仿真

在外力作用下，金属材料能稳定地发生永久变形而不破坏其完整性的能力，叫作塑性。金属的塑性主要受其内在化学成分与组织结构和外在的变形条件的影响。金属体积成形工艺是充分利用金属材料塑性的一种加工工艺，是一种无切屑成形方法，一般采用圆棒形坯料或方形坯料，在模具作用下一般都发生三维方向上的流动变形。不同的成形工艺，流动特点及变形规律显著不同。随着机械产品加工技术的快速发展，具有高效、精密、节材、节能及显著提高产品性能等优点的金属体积成形工艺得到广泛应用。

金属体积成形过程中伴随着非线性的大变形问题，传统的数值模拟解法都作了过多的假设使其所能求解问题的范围和难度极为有限，而且求解的结果也与实际偏差较大，这就难以准确分析实际生产中复杂的体积成形过程。伴随着计算机技术和数值计算方法的迅速发展，其在体积成形过程中的应用得到了大幅度的提升，进而使数值模拟的研究重点由宏观转向微观，由单一分散的模拟转向集成耦合的模拟，这种将数值分析与金属体积成形工艺密切结合的研究方法，更好地提高了金属体积成形工艺在实际加工生产中的效率和经济性。目前主要的分析方法有以下三种：

① 试验方法。即采用基于相似理论的物理模拟方法进行物理试验，从而得到体积成形过程中金属流动的一般规律。

② 理论分析法。理论方法基于金属成形及塑性力学理论，建立成形对象的力学模型，求

其内部应力及应变分布。但是由于采用了大量的简化和假设，在实际中用于较复杂的产品形状及成形条件时，就有很大的局限性。

③ 数值计算方法。数值计算方法是应用数值分析方法对变形体中质点的流动规律和应力应变分布状态进行定量描述，能进行复杂的成形过程分析，获得金属成形过程中的应力应变、温度分布和成形缺陷等详尽的数值解。

1.1.3　有限变形的应变张量

考虑一个在固定笛卡儿坐标系内的物体，在某种外力的作用下连续地改变其位形，如图 1-1 所示。用 $^0x_i(i=1,2,3)$ 表示物体处于 0 时刻位形内任一点 P 的坐标，用 $^0x_i+\mathrm{d}^0x_i$ 表示和 P 点相邻的 Q 点在 0 时刻位形内的坐标。由于外力作用，在以后的某个时刻 t 物体运动并变形到新的位形，用 ^tx_i 和 $^tx_i+\mathrm{d}^tx_i$ 分别表示 P 点和 Q 点在 t 时刻位形内的坐标，可以变换物体位形，如式（1-1）所示。

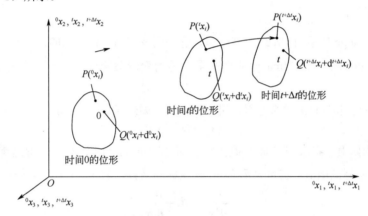

图 1-1　笛卡儿坐标系内物体的运动和变形

$$^tx_i = {}^tx_i\left({}^0x_1,{}^0x_2,{}^0x_3\right) \tag{1-1}$$

根据变形的连续性要求，这种变换必须是一一对应的，即变换应是单值连续的，因此，上述变换应有唯一的逆变换，即存在下列单值连续的逆变换，如式（1-2）所示：

$$^0x_i = {}^0x_i\left({}^tx_1,{}^tx_2,{}^tx_3\right) \tag{1-2}$$

利用上面变换，可以将的 d^0x_i 和 d^tx_i 表示成式（1-3）和式（1-4）：

$$\mathrm{d}^0x_i = \left(\frac{\partial^0x_i}{\partial^tx_j}\right)\mathrm{d}^tx_j \tag{1-3}$$

$$\mathrm{d}^tx_i = \left(\frac{\partial^tx_i}{\partial^0x_j}\right)\mathrm{d}^0x_j \tag{1-4}$$

将 P、Q 两点之间在时刻 0 和时刻 t 的距离 d^0s 和 d^ts 表示为式（1-5）和式（1-6）：

$$\left(\mathrm{d}^0s\right)^2 = \mathrm{d}^0x_i\mathrm{d}^0x_i = \left(\frac{\partial^0x_i}{\partial^tx_m}\right)\times\left(\frac{\partial^0x_i}{\partial^tx_n}\right)\mathrm{d}^tx_m\mathrm{d}^tx_n \tag{1-5}$$

$$\left(\mathrm{d}^ts\right)^2 = \mathrm{d}^tx_i\mathrm{d}^tx_i = \left(\frac{\partial^tx_i}{\partial^0x_m}\right)\times\left(\frac{\partial^tx_i}{\partial^0x_n}\right)\mathrm{d}^0x_m\mathrm{d}^0x_n \tag{1-6}$$

变形前后该线段长度的变化，即为变形的度量，可有两种表示，如式（1-7）和式（1-8），即：

$$\left(\mathrm{d}^t s\right)^2 - \left(\mathrm{d}^0 s\right)^2 = \left(\frac{\partial^t x_k}{\partial^0 x_i} \times \frac{\partial^t x_k}{\partial^0 x_j} - \delta_{ij}\right)\mathrm{d}^0 x_i \mathrm{d}^0 x_j = 2^t E_{ij} \mathrm{d}^0 x_i \mathrm{d}^0 x_j \qquad (1\text{-}7)$$

$$\left(\mathrm{d}^t s\right)^2 - \left(\mathrm{d}^0 s\right)^2 = \left(\delta_{ij} - \frac{\partial^0 x_k}{\partial^t x_i} \times \frac{\partial^0 x_k}{\partial^t x_j}\right)\mathrm{d}^t x_i \mathrm{d}^t x_j = 2^t e_{ij} \mathrm{d}^t x_i \mathrm{d}^t x_j \qquad (1\text{-}8)$$

这样就定义了两种应变张量，如式（1-9）和式（1-10）所示：

$$^t E_{ij} = \frac{1}{2}\left(\frac{\partial^t x_k}{\partial^0 x_i} \times \frac{\partial^t x_k}{\partial^0 x_j} - \delta_{ij}\right) \qquad (1\text{-}9)$$

$$^t e_{ij} = \frac{1}{2}\left(\delta_{ij} - \frac{\partial^0 x_k}{\partial^t x_i} \times \frac{\partial^0 x_k}{\partial^t x_j}\right) \qquad (1\text{-}10)$$

其中：$\delta_{ij} = \begin{cases} 0 & i \neq j \\ 1 & i = j \end{cases}$

$^t E_{ij}$ 是 Lagrange 体系的 Green 应变张量，它是用变形前坐标表示的，是 Lagrange 坐标的函数。$^t e_{ij}$ 是 Euler 体系的 Almansi 应变张量，是用变形后坐标表示的，它是 Euler 坐标的函数。

为了得到应变和位移的关系方程，引入位移场，如式（1-11）所示：

$$^t u_i = {}^t x_i - {}^0 x_i \qquad (1\text{-}11)$$

$^t u_i$ 表示物体中一点从变形前（时刻 0）位形到变形后（时刻 t）位形的位移，它可以表示为 Lagrange 坐标的函数，也可表示为 Euler 坐标的函数，从式（1-11）可得：

$$\frac{\partial^t x_i}{\partial^0 x_j} = \delta_{ij} + \frac{\partial^t u_i}{\partial^0 x_j} \qquad (1\text{-}12)$$

$$\frac{\partial^0 x_i}{\partial^t x_j} = \delta_{ij} - \frac{\partial^t u_i}{\partial^t x_j} \qquad (1\text{-}13)$$

将它们分别代入式（1-9）和式（1-10），可得式（1-14）和式（1-15）：

$$^t E_{ij} = \frac{1}{2}\left(\frac{\partial^t u_i}{\partial^0 x_j} + \frac{\partial^t u_j}{\partial^0 x_i} + \frac{\partial^t u_k}{\partial^0 x_i} \times \frac{\partial^t u_k}{\partial^0 x_j}\right) \qquad (1\text{-}14)$$

$$^t e_{ij} = \frac{1}{2}\left(\frac{\partial^t u_i}{\partial^t x_j} + \frac{\partial^t u_i}{\partial^t x_i} - \frac{\partial^t u_k}{\partial^t x_j} \times \frac{\partial^t u_k}{\partial^t x_i}\right) \qquad (1\text{-}15)$$

当位移很小时，上两式中位移导数的二次项相对于它的一次项可以忽略，这时 Green 应变张量 E_{ij} 和 Almansi 应变张量 e_{ij} 都简化为无限小应变张量 ε_{ij}，它们之间的差别消失，即如式（1-16）所示：

$$E_{ij} = e_{ij} = \varepsilon_{ij} \qquad (1\text{-}16)$$

由于 Green 应变张量是参考于时间 0 的位形，而此位形的坐标 $^0 x_i (i=1,2,3)$ 是固结于材料的坐标，当物体发生刚体转动时，微线段的长度 ds 不变，同时 d$^0 x_i$ 也不变，因此联系 ds 变化和 d$^0 x_i$ 的 Green 应变张量的各个分量也不变。在连续介质力学中称这种不随刚体转动的对称张量为客观张量。

1.1.4　有限变形的应力张量

为了能对大变形进行分析，就必须要将应力和应变联系，当定义和有限应变相对应的应力时，也必须参照相同的坐标。

图 1-2 表示一个微元体变形前后作用在一个侧面上力的情况，左边微元体为变形前的状态，考察其一个侧面 $^0P^0Q^0R^0S$，该面法向的方向余弦为 ^0V_i，其面积为 d^0s，右边为变形后微体，侧面 $^0P^0Q^0R^0S$ 变为 $'P'Q'R'S$，其单位方面矢量为 $'V_i$，其面积为 $\mathrm{d}'s$。如果研究应力时参照变形后的当前坐标系，则作用在 $'P'Q'R'S$ 面上的力 $\mathrm{d}'\boldsymbol{T}$（其分量是 $\mathrm{d}'T_i$），如式（1-17）所示：

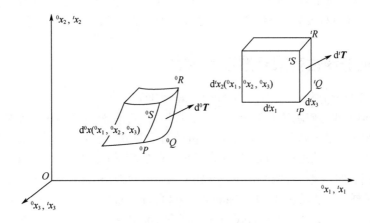

图 1-2　微元体变形前后的作用

$$\mathrm{d}'\boldsymbol{T}_i = '\boldsymbol{\sigma}_{ij}\,'V_j\mathrm{d}'s \tag{1-17}$$

这种用 Euler 体系定义的应力称为 Cauchy 应力（$'\boldsymbol{\sigma}_{ij}$），此应力张量有明确的物理意义，代表真实的应力。同样对 $\mathrm{d}'T_i$，即变形后 $'P'Q'R'S$ 面上的力系采用 Lagrange 体系，用变形前坐标定义应力，如式（1-18）所示：

$$\mathrm{d}'\boldsymbol{T}_i = '\boldsymbol{T}_{ij}\,^0V_j\mathrm{d}s \tag{1-18}$$

这样定义的应力称为 Lagrange 应力，也称为第一皮阿拉-克希霍夫应力（First Piola-Kirchhoff Stress）。Lagrange 应力不是对称的，不便于数学计算，因此将 Lagrange 应力前乘以变形梯度 $\dfrac{\partial^0 x_i}{\partial' x_k}$，得式（1-19）如下：

$$\frac{\partial^0 x_i}{\partial' x_k}\mathrm{d}'\boldsymbol{T}_k = '\boldsymbol{S}_{ij}\,^0V_j\,^0,\quad \mathrm{d}s = \frac{\partial^0 x_i}{\partial' x_k}\,'\boldsymbol{T}_{jk}\,'V_j\,^0\mathrm{d}s \tag{1-19}$$

这样定义的应力称为 Kirchhoff 应力，或第二皮阿拉-克希霍夫应力（Second Piola-Kirchhoff Stress）。

Kirchhoff 应力无实际物理意义，但是它与 Green 应变相乘构成真实的变形能。Cauchy 应力是真实的精确应力，因为它考虑了物体的变形，即力 $\mathrm{d}\boldsymbol{T}$ 的真实作用面积，显然比起工程应力（未考虑物体变形）要准确。同样 Cauchy 应力与 Almansi 应变相乘构成真实应变能，这种关系称为共轭关系。

根据 $'V_j\mathrm{d}'s$ 和 $^0V_j\mathrm{d}^0s$ 之间的关系，可以导出 $'\sigma_{ij}$、$'T_{ij}$ 和 $'S_{ij}$ 之间的关系，如式（1-20）

和式（1-21）所示：

$$^t\boldsymbol{T}_{ij} = \frac{^0\rho}{^t\rho} \times \frac{\partial\,^0x_i}{\partial\,^tx_m}\,{^t\boldsymbol{\sigma}_{mj}} \tag{1-20}$$

$$^t\boldsymbol{S}_{ij} = \frac{^0\rho}{^t\rho} \times \frac{\partial\,^0x_i}{\partial\,^tx_l} \times \frac{\partial\,^0x_j}{\partial\,^tx_m}\,{^t\boldsymbol{\sigma}_{lm}} \tag{1-21}$$

式中，$^0\rho$ 和 $^t\rho$ 分别是变形前后微体的材料密度。

由于 Cauchy 应力张量 $^t\boldsymbol{\sigma}_{ij}$ 是对称的，由式（1-20）可知，Lagrange 应力张量 $^t\boldsymbol{T}_{ij}$ 是非对称的。而 Kirchhoff 应力张量 $^t\boldsymbol{S}_{ij}$ 是对称的。故在定义应力应变关系时通常不采用 Lagrange 应力，而采用对称的 Kirchhoff 应力和 Cauchy 应力，因为应变张量总是对称的。另外，Kirchhoff 应力张量 $^t\boldsymbol{S}_{ij}$ 具有和 Green 应变张量类似的性质，物体发生刚体转动时各个分量保持不变。

1.1.5　几何非线性有限元方程的建立

（1）根据静力分析方法建立几何非线性有限元方程

在涉及几何非线性问题的有限元法中，通常都采用增量分析的方法，考虑一个在笛卡儿坐标系内运动的物体（见图 1-1），增量分析的目的是确定此物体在一系列离散的时间点 0、Δt、$2\Delta t$…处于平衡状态的位移、速度、应变、应力等运动学和静力学参量。假定在时间 0 到 t 的所有时间点的参量已经求得，下一步需要求解时间为 $t+\Delta t$ 时刻的各个未知量。

在 $t+\Delta t$ 时刻的虚功原理可以用 Cauchy 应力和 Almansi 应变表示，如式（1-22）所示：

$$\int_{t+\Delta_v}{^{t+\Delta t}\sigma_{ij}}\delta^{t+\Delta t}e_{ij}\mathrm{d}v = \int_{1+\Delta\Delta_v}{^{t+\Delta t}F_k}\delta u_k\mathrm{d}v + \int_{1+\Delta\Delta_T S_T}{^{t+\Delta t}T_k}\delta u_k\mathrm{d}s \tag{1-22}$$

上式是参照 $t+\Delta t$ 时刻位形建立的，由于 $t+\Delta t$ 时刻位形是未知的，如果直接求解，在向平衡位形逼近的每一步迭代中，都要更新参照体系，导致了计算量的增加。方便起见，所有变量应参考一个已经求得的平衡构形。理论上，时间 0、Δt、$2\Delta t$、$\cdots$、t 等任一时刻已经求得的位形都可作为参考位形，但在实际分析中，一般只做以下两种可能的选择：

① 全 Lagrange 格式（Total Lagrange Formulation，T.L.格式），这种格式中所有变量以时刻 0 的位形作为参考位形。

② 更新的 Lagrange 格式（Updated Lagrange Formulation，U.L.格式），这种格式中所有变量以上一时刻 t 的位形作为参考位形。

从理论上讲，两种列式都可用于金属成形的几何非线性分析，相比而言，U.L.法比 T.L.法更易引入非线性本构关系，同时由于在计算各载荷增量步时使用了真实的柯西（Cauchy）应力，适合追踪变形过程的应力变化，所以在金属成形分析中一般都使用 U.L.法。

以上一时刻 t 的位形作为参考位形，可以得到 $t+\Delta t$ 时刻虚功原理的 U.L.格式，如式（1-23）所示：

$$\int_{tV}{^{t+\Delta t}_t\boldsymbol{S}_{ij}}\delta^{t+\Delta t}_t\boldsymbol{E}_{ij}\mathrm{d}^tV = \delta^{t+\Delta t}W \tag{1-23}$$

由于 t 时刻的应力应变已知，可建立增量方程，见式（1-24）：

$$^{t+\Delta t}_t\boldsymbol{S}_{ij} = {^t\boldsymbol{\sigma}_{ij}} + \Delta^{t+\Delta t}_t\boldsymbol{S}_{ij} \tag{1-24}$$

$$\Delta_t\boldsymbol{E}_{ij} = \Delta^L_t\boldsymbol{E}_{ij} + \Delta^{NL}_t\boldsymbol{E}_{ij} \tag{1-25}$$

$$\Delta^L_t\boldsymbol{E}_{ij} = \frac{1}{2}\left(\Delta_t u_{i,j} + \Delta_t u_{j,i}\right), \quad \Delta^{NL}_t\boldsymbol{E}_{ij} = \frac{1}{2}\Delta_t u_{i,j}\Delta_t u_{j,i} \tag{1-26}$$

其中，增量型本构关系见式（1-27）：

$$\Delta_t^{t+\Delta t}S_{ij} = {}_tD_{ijkl}\Delta_t^{l+\Delta t}E_{ij} \tag{1-27}$$

将式（1-24）、式（1-26）代入式（1-27），并引入形函数可得平衡方程的矩阵表达形式，见式（1-28）：

$$\left({}_tK_L + {}_tK_{NL} \right)\Delta u = {}_t^{t+\Delta t}Q - {}_tF \tag{1-28}$$

其中：

$$_tK_L = \int_{t_V} {}_tB_L^T \, {}_tD_t B_L \mathrm{d}^t V \tag{1-29}$$

$$_tK_{NL} = \int_{t_V t} B_{NL}^T \, {}_t\sigma_t B_{NL} \mathrm{d}^t V \tag{1-30}$$

$$_tF = \int_{t_V t} B_L^T \hat{\sigma} \mathrm{d}^t V \tag{1-31}$$

以上式（1-28）～式（1-31）中，${}_tB_L^T$ 和 ${}_tB_{NL}^T$ 分别是线性应变和非线性应变与位移的转换矩阵；${}_tD$ 是材料的本构矩阵；${}_t\sigma$ 和 ${}_t\hat{\sigma}$ 是 Cauchy 应力矩阵和向量；${}_t^{t+\Delta t}Q$ 是外部载荷向量。为了简单起见，以上只列出了一个单元的方程，严格说上述方程对于所有单元的整体才成立。

（2）根据动力分析方法建立几何非线性有限元方程

根据静力分析方法建立的几何非线性有限元方程适于静力问题和准静力问题，有其广泛的应用领域。对于加载速度缓慢、速度变化小、可以不考虑惯性力的准静力成形过程，采用静力分析非常有效。但如果载荷是迅速加上的，必须考虑惯性力，这类成形过程则为动力问题，必须进行动力分析。此时，因采用包括惯性力的运动方程（也可称为动力平衡方程），由虚功原理建立的有限元方程应包含惯性力和阻尼力功率项，以反映物体系统的惯性效应和物理阻尼效应。因此，类似于静力分析方法所建立的非线性有限元方程，根据动力分析方法进行非线性有限元方程的建立时，弹塑性问题的动力虚功方程为：

$$\int_V \sigma_{ij}\delta\dot{e}_{ij}\mathrm{d}V = \int_V b_i\delta v_i\mathrm{d}V + \int_{s_p} p_i\delta v_i\mathrm{d}S + \int_{s_c} q_i\delta v_i\mathrm{d}S - \int_V \rho a_i\delta v_i\mathrm{d}V - \int_V \gamma v_i\delta v_i\mathrm{d}V \tag{1-32}$$

根据式（1-32），把整个物体离散为若干有限单元，对于任一个单元 e 由虚功方程建立有限元方程，所有单元方程的集合即可形成整个有限元方程。

对于任一单元 e，选取其形函数矩阵为 $[N]$，单元内任一点变形前的位移、速度和加速度向量分别记为 $\{u\}$、$\{v\}$ 和 $\{a\}$，单元内任一点变形后的位移、速度和加速度向量分别记为 $\{u\}^e$、$\{v\}^e$ 和 $\{a\}^e$，对三维问题有：

$$\begin{cases} |u| = \begin{bmatrix} u_1 & u_2 & u_3 \end{bmatrix}^{\mathrm{T}} \\ |v| = \begin{bmatrix} v_1 & v_2 & v_3 \end{bmatrix}^{\mathrm{T}} \\ |a| = \begin{bmatrix} a_1 & a_2 & a_3 \end{bmatrix}^{\mathrm{T}} \end{cases} \tag{1-33}$$

$$\{u\} = [N]\{u\}^e, \{v\} = [N]\{u\}^e, \{a\} = [N]\{a\}^e \tag{1-34}$$

$$\{b\} = \begin{bmatrix} b_1 & b_2 & b_3 \end{bmatrix}^{\mathrm{T}} \tag{1-35}$$

$$\{p\} = \begin{bmatrix} p_1 & p_2 & p_3 \end{bmatrix}^{\mathrm{T}} \tag{1-36}$$

$$\{q\} = \begin{bmatrix} q_1 & q_2 & q_3 \end{bmatrix}^{\mathrm{T}} \tag{1-37}$$

并记：

$$\{\sigma\} = \begin{bmatrix} \sigma_{11} & \sigma_{22} & \sigma_{33} & \sigma_{12} & \sigma_{23} & \sigma_{31} \end{bmatrix}^{\mathrm{T}} \tag{1-38}$$

$$\{\dot{e}\} = \begin{bmatrix} \dot{e}_{11} & \dot{e}_{22} & \dot{e}_{33} & 2\dot{e}_{12} & 2\dot{e}_{23} & 2\dot{e}_{31} \end{bmatrix}^{\mathrm{T}} \tag{1-39}$$

任一点的应变速率列阵 $\{\dot{e}\}$ 中的分量 $\dot{e}_{ij}$ 为：

$$\{\dot{e}_{ij}\} = \frac{1}{2}(v_{i,j} + v_{j,i}) \tag{1-40}$$

由式（1-39）和式（1-40）可得：

$$\{\dot{e}\} = [B]\{v\}^e \tag{1-41}$$

由此，可根据式（1-32）写出单元 e 的动力虚功率方程的矩阵式为：

$$\int_{V^e}\left(\{\delta v\}^e\right)^T[B]^T\{\sigma\}\mathrm{d}V = \int_{V^e}\left(\{\delta e\}^e\right)^T[N]^T\{b\}\mathrm{d}V + \int_{S_p^e}\left(\{\delta v\}^e\right)^T[N]^T\{p\}\mathrm{d}S$$
$$+ \int_{S_c^e}\left(\{\delta\}^e\right)^T[N]^T\{q\}\mathrm{d}S - \int_{V^e}\left(\{\delta v\}^e\right)[N]^T\rho[N]\{a\}^e\mathrm{d}V - \int_{V^e}\left(\{\delta v\}^e\right)^T[N]^T\gamma[N]\{v\}^e\mathrm{d}V \tag{1-42}$$

则有：

$$\int_{V^e}\rho[N]^T[N]\mathrm{d}V\{a\}^e + \int_{V^e}\gamma[N]^T[N]\mathrm{d}V\{v\}^e = \int_{V^e}[N]^T\{b\}\mathrm{d}V + \int_{S_p^e}[N]^T\{p\}\mathrm{d}S$$
$$+ \int_{S_c^e}[N]^T\{q\}\mathrm{d}S - \int_{V^e}[B]^T\{\sigma\}\mathrm{d}V \tag{1-43}$$

式（1-43）即是单元有限元方程。将单元方程集合，即得整体有限元方程：

$$\sum\left(\int_{V^e}\rho[N]^T[N]\mathrm{d}V\right)\{\ddot{U}\} + \sum\left(\int_{V^e}\gamma[N]^T[N]\mathrm{d}V\{\dot{N}\}\right) = \sum\int_{V^e}[N]^T\{b\}\mathrm{d}V$$
$$+ \sum\int_{S_p^e}[N]^T\{p\}\mathrm{d}S + \sum\int_{S_p^e}[N]^T\{q\}\mathrm{d}S - \sum\int_{V^e}[B]^T\{\sigma\}\mathrm{d}V \tag{1-44}$$

令：

$$[M] = \sum\int_{V^e}\rho[N]^T[N]\mathrm{d}V \tag{1-45}$$

$$[C] = \sum\int_{V^e}\gamma[N]^T[N]\mathrm{d}V \tag{1-46}$$

$$\{P\} = \sum\int_{V^e}[N]^T\{b\}\mathrm{d}V + \sum\int_{S_p^e}[N]^T\{p\}\mathrm{d}S + \sum\int_{S_p^e}[N]^T\{q\}\mathrm{d}S \tag{1-47}$$

$$\{F\} = \sum\int_{V^e}[B]^T\{\sigma\}\mathrm{d}V \tag{1-48}$$

则式（1-44）可写成：

$$[M]\{\ddot{U}\} + [C]\{\dot{U}\} = \{P\} - \{F\} \tag{1-49}$$

式（1-49）即为根据动力分析方法建立的非线性有限元方程的一般形式。其中，$\{\ddot{U}\}$ 是整体节点加速度列阵；$\{\dot{U}\}$ 是整体节点速度列阵；$[M]$ 为整体质量列阵；$[C]$ 为整体阻尼列阵；$\{P\}$ 为外节点力列阵；$\{F\}$ 是由内应力计算的整体节点力列阵，称为内力节点力列阵。

对于体积成形等属于大塑性变形的成形过程进行仿真分析时，一般采用增量式。求解式（1-49）也存在很多种方法，例如直接积分算法、显式积分算法，根据静力分析方法建立非线性有限元方程的求解方法同样适用于根据动力分析方法建立的非线性有限元方程式（1-49）的求解。其中显式积分算法则是应用相当广泛的一种积分算法。

1.1.6 有限元求解算法

高效的有限元求解算法是开发使用金属成形模拟系统最基本、最重要的条件。目前根据有限元程序中采用的时间积分算法的不同，有限元的算法可以分为静力隐式算法、动力显式算法、静力显式算法，其中静力隐式算法和动力显式算法是最常用的两种。

（1）静力隐式算法　在金属成形模拟过程中，一般将体积成形过程看作是一个准静态问题，可以忽略加速度的影响。由于采用了静力平衡方程来描述金属成形过程，静力隐式算法显得更加自然、准确，在求解过程中一般不需要设定一些参数。

这类算法的显著优点是能够连续地模拟金属从塑性加载直至弹性卸载的全过程，并允许采用较大的时间步长。静力隐式算法在解决复杂形状的三维问题时，最困难的就是迭代收敛性问题。基本逻辑关系如下（只考虑 t 时刻和 $t+\Delta t$ 时刻的平衡方程）：

$$^tQ = {}^tF \quad (t时刻) \tag{1-50}$$

$$^{t+\Delta t}Q = {}^{t+\Delta t}F (t+\Delta t时刻) \tag{1-51}$$

将式（1-50）和式（1-51）两式相减，得到增量方程：

$$^{t+\Delta t}Q - {}^tQ = {}^{t+\Delta t}F - {}^tF = \Delta F \tag{1-52}$$

式中，$^{t+\Delta t}Q - {}^tQ$ 可以近似地线性表示为：

$$^{t+\Delta t}Q - {}^tQ \approx \left.\frac{\partial Q}{\partial Q}\right|_{{}^t\mu} \left({}^{t+\Delta t}\mu - {}^t\mu\right) = K\left({}^t\mu\right)\Delta\mu_1 \tag{1-53}$$

求解方程组，如下：

$$\Delta\mu_1 = K^{-1}\left({}^t\mu\right)\Delta F \tag{1-54}$$

$$\mu_1 = {}^t\mu + \Delta\mu_1 \tag{1-55}$$

当步长 ΔF 较大时，由于采用了线性近似式（1-53），由式（1-55）确定的 μ_1 不满足平衡方程式（1-51），此不平衡力 ΔQ 为：

$$\Delta Q = Q\left({}^{t+\Delta t}\mu\right) - Q(\mu_1) \tag{1-56}$$

在 μ_1 处 $Q\left({}^{t+\Delta t}\mu\right) - Q(\mu_1)$ 近似线性表示为：

$$Q\left({}^{t+\Delta t}\mu\right) - Q(\mu_1) \approx \left.\frac{\partial Q}{\partial\mu}\right|_{\mu_1} \left({}^{t+\Delta t}\mu - \mu_1\right) = K(\mu_1)\Delta\mu_2 \tag{1-57}$$

得近似解如下：

$$\Delta\mu_2 = K^{-1}(\mu_1)\Delta Q \tag{1-58}$$

$$\mu_2 = \mu_1 + \Delta\mu_2 \tag{1-59}$$

重复以上步骤，直至 ΔQ 足够小，则得到 $t+\Delta t$ 时刻的解 $^{t+\Delta t}\mu$。需要注意的是，静态隐式算法具有由于金属成形的复杂性而导致收敛性较难满足的缺点。

（2）动力显式算法　动力显示算法采用中心差分进行求解，与静力隐式算法相比，不必构造和计算总体刚度矩阵；且在每一增量步内，不需要进行平衡迭代；繁琐的线性化方程组，因而计算速度快，不存在收敛问题；需要的内存也相对较少。但是显式算法也存在一些不利的方面：要求质量矩阵为对角矩阵，而且只有在单元计算尽可能少时才能发挥速度优势，因而往往采用减缩积分方法，容易激发沙漏模式，影响应力和应变的计算精度。动力显式算法还有一个重要的特点，即对成形过程的模拟需要使用者正确划分有限元网格和选择质量比例参数、速度和阻尼系数。

在使用显式算法求解金属成形类问题时，要尽量考虑惯性力对整体的负面影响。为尽可能降低该影响，可限制惯性力引起的能量波动在 5% 以下；或限制元素类型为四节点的四边形或者八节点的实体型。

假设不考虑阻尼的影响，$\boldsymbol{M}$ 为对角阵，采用中心差分法求解就可得到动态显式算法的递推公式：

$$\frac{1}{\Delta t^2} M^{t+\Delta t}\mu = {}^tF - \left({}^tK_L + {}^tK_{NL} - \frac{2}{\Delta t^2}M\right)^t\mu - \frac{1}{\Delta t^2}M^{t-\Delta t}\mu \tag{1-60}$$

中心差分法是条件稳定的，时间步长必须满足一定的条件，即：

$$\Delta t \leqslant \Delta t = \frac{T_{\min}}{\pi} \tag{1-61}$$

式（1-61）中 $T_{\min}$ 是结构中的最小固有振动周期。这种方法比较适用于冲击计算，在工程实际应用中为提高计算效率常采用虚拟冲压速度或虚拟质量。若选取适当，可以轻松解决金属成形类准静态过程计算带来的精度问题。

1.2　金属体积成形 CAE 仿真关键技术

1.2.1　金属体积成形仿真分析基本流程

金属体积成形仿真分析的基本步骤主要基于计算机系统的分析过程，典型的金属体积成形仿真分析系统如图 1-3 所示。根据研发设计的流程与目标以及研发设计人员的水平与经验，判断金属体积成形工艺是否满足需求，从而对该体积成形工艺可行性具有一定程度上的判断。在一些工业领域，计算机数值模拟技术已经成为研发设计师们检验零件设计的常规手段和零件设计制造流程的必经环节。

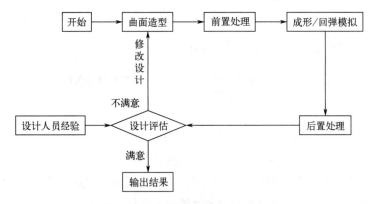

图 1-3　金属体积成形仿真分析系统

软件系统结构主要包括以下三大部分：前置处理模块、求解器以及后置处理模块：

① 前置处理模块是用户对所需要处理的问题模型进行构建的位置，主要完成典型体积成形仿真分析 FEM 模型的生成与输入文件的准备工作。用户需要输入描述几何、材料属性、载荷和边界条件等数据，并且决定零件单元网格划分的网格单元类型和疏密度，给软件提供对零件模型进行网格自动划分的指导，也就是说，用户必须人为选择一个或多个单元形式来适应零件的数学与计算模型，并确定有限元模型网格自动划分区域网格的大小与数量。前置处理模块是用户操作模块，用户对参数的设置直接影响了仿真分析结果的准确度，因此在提交求解器求解之前必须检查输入数据的正确性。

② 求解器处理分析模块是对零件成形仿真模拟线性方程与非线性方程进行求解，有限元分析软件根据前置处理模块的零件模型与工况设置能够自动生成描述单元性能的矩阵，并且将此类矩阵组合成大型矩阵方程，用来表示有限元模型结构，然后求解矩阵方程并获得每个

节点上的场量值。求解器处理分析模块不需要用户进行干涉，求解器按算法设置自动进行矩阵求解，求解器求解方程的速度取决于计算机性能与模型的复杂程度，模型的复杂程度越高，所需求解的矩阵方程就越多越复杂，求解时间就越长。

③ 后置处理模块是将求解器求解的有限元计算结果可视化处理，将结果的变化情况以图形、曲线等方式呈现，便于用户进行结果处理分析。例如在应力应变分析中，有限元仿真分析的结果数值大小在图像上以颜色的变化反映出来，用户可以直观地发现应力应变的变化情况，并且用户在图像中点击所需要分析的位置即可获得应力值与应变值的大小情况来验证自己的猜想。

整个有限元仿真过程主要包括以下几个基本步骤：建立几何模型、建立有限元仿真分析模型、定义工况、求解器求解以及后处理，如图1-4所示。

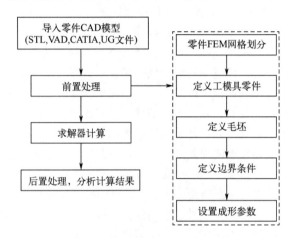

图1-4 体积成形仿真分析的一般流程

1.2.1.1 建立几何模型

由于有限元分析软件的商业化发展，为了满足用户的需求，大部分有限元仿真分析软件都内置能够建立简单几何结构的模块。简单的圆柱形或长方体坯料、具有简单凹面结构的模具等均可以直接采用内置建模模块进行生成，一方面是形状、结构简单，另一方面是便于研发设计人员在工艺设计阶段对坯料的精确尺寸进行确认，满足零件完整的成形形态。

对于复杂的坯料与模具结构，需要采用计算机辅助设计（CAD）软件进行造型设计，常见的CAD软件如UG、CATIA为国内企业最常用的造型设计软件。为了解决有限元分析软件的兼容问题，CAD软件中都更新了文件格式转换模块，可导出满足有限元分析软件输入接口的文件。有限元分析软件常用的文件格式包括IGES、STL、VDA等，有些软件针对常用的CAD软件设计了专用接口，避免了模型文件从CAD软件中转换文件格式出现特征丢失等情况。

1.2.1.2 建立有限元仿真分析模型

① 定义材料模型：大多数商业化有限元分析软件都自带材料库，材料库中包含了数百种常见的材料模型，涵盖了绝大多数企业或者研发机构所需要的材料模型，如钢、不锈钢、模具钢、铝合金、铜合金以及钛合金等金属材料模型，能够直接用来赋予零件材料模型，十分便捷。同时，有限元分析软件还能够让用户自定义材料模型，弥补材料库的模型缺失，用户可以根据问题的主要特点、精度要求及可得到的材料参数定义合适的模型，并输入相关参数。一般而言，用户自定义时可参照材料库中已有的材料模型定义材料，其中金属材料的物理性

能和弹性性能参数，对于材料成分和组织结构小的变化不太敏感，如密度、热容、弹性模量、泊松比等性能参数。当有限元仿真分析的精度要求不高时，可以直接借鉴材料库中已有的材料模型的参数给定，对仿真分析结果的影响不大。而金属材料的塑性变形能力需要通过试验测定，如材料的成分、组织结构、热处理状态等。例如，对于各向异性较强的材料成形，可选用塑性各向异性材料模型；对于热锻问题，应选用黏塑性模型；为了提高计算精度，还可以考虑选用材料参数随温度变化的模型；为了预测冷锻等成形过程中工件的内部裂纹，可以采用损伤模型；等等。输入的材料模型参数越多，所反映的材料模型也更加精准，同时整个计算过程的复杂程度也更高。

②　网格划分：有限元法是根据变分原理来求解数学物理问题的数值分析方法，从研究有限数量单元的力学特征着手，得到以节点位移为未知量的代数方程组。根据有限单元法的基本理论与中心思想，划分网格是将零件的几何模型划分为单元网格模型，即离散化数学模型。离散化后的数学模型的物理场是用有限节点数和每个单元内的简单插值确定的分片连续场来表示的，且必须连续完整，根据具体的工况问题选择适当的单元类型。与实际情况相比较，由于离散化引入了新的误差，经过网格划分这个步骤后，存在着两个误差源，即建模误差和离散化误差。建模误差可以通过改进模型来减小；离散化误差可以通过增加单元数来减小。但由于建模误差的存在，即使软件系统将离散化误差修正减小到零，实际情况也不能绝对保证准确无误地显现出来。除此之外，计算机所能表示的数据和处理过程结果精度有限，在计算中会带来数值误差，使得整体的误差更为突出。因此，在有限元仿真分析技术中，网格划分技术就成为建立有限元分析模型的一个重要环节，在不能确保建模误差与数值误差的情况下，网格划分的形式和质量直接影响到仿真分析计算的精度和计算速度。

网格划分的方法主要有两种。一种是映射法，又称结构化方法，这种方法需要将区域分解成四边形或三角形的较规则的子域，每个子域作为一个超单元，然后针对每个子域给定各边的节点数量，最后生成与子域形状相似的单元网格。该方法的优点在于便于用户对网格区域进行控制，但缺点在于操作麻烦，网格的质量不一定好。另一种是自动剖分法，又称非结构化方法，这种方法所依据的算法种类繁多，但由于其自动化水平高，生成的网格质量较好，能适应各种复杂的情况。在成形模拟中，毛坯形状简单，可用映射法。对于由许多曲面构成、形状复杂的模具型面，一般采用自动剖分法。

对于单元网格形状，一般说来，采用三角形和四面体单元网格容易对复杂的区域进行自动网格划分，具有极强的自适应性，但此类网格在求解器中计算的数据结果精度较低。相比于三角形和四面体单元网格，四边形和六面体单元网格计算精度较高，但是复杂区域难以全部划分为四边形或六面体单元网格，且难以进行自动网格划分。因此在不影响仿真模拟的前提下，应尽量采用四边形和六面体单元网格。为了便于在计算中灵活地调整单元网格密度，即进行网格细化与网格粗化，提高仿真模拟的精确度，可采用可变节点数的过渡单元。

要建立起合理的有限元分析模型，除了考虑单元网格的形状与划分方法，还需注意以下问题：

a. 单元网格数量：数量将直接影响到计算结果的精度和计算速度。一般而言，网格数量增多，计算精度将有所提高，但计算速度将有所降低，反之亦然，所以在确定网格数量时应综合考虑。

b. 单元网格密度：有限元网格设计的总目的就是，在要求高精度的区域内，网格更细密，在不重要的区域内，网格可以稀松些。

c. 单元网格大小：单元网格大小需要根据分析零件的外形轮廓特点和结构进行选择，在零件的不同结构和部位上可采用不同大小的单元网格，一般形状复杂处网格较小，形状变化不大处，网格较大。

d. 板料和模具网格的划分：对金属体积成形过程来说，模具的变形要小得多，但模具的形状却是非常复杂的。为了简化计算，模具通常作为刚体处理。刚体不存在应力以及应变计算，且刚体网格尺寸的大小也不参与仿真分析过程中临界时间积分步长的确定，即模具网格的细化不会影响系统的临界时间积分步长。因此，细化模具网格几乎不会影响冲压成形分析过程对 CPU 的要求。同时，模具大量采用三角形单元，不会产生单元扭曲，因此模具与坯料接触的部位，就可以获得精确的接触力的分布规律。

③ 选择求解算法：高效的有限元求解算法是开发使用体积成形模拟系统最基本、最重要的条件。目前根据有限元程序中采用的时间积分算法的不同，有限元的算法可以分为静力算法与动力算法。

静力隐式算法多用于准静态的成形过程的求解，采用该算法可避免动力显示算法中的惯性效应，从而使得应力场的求解更为准确。静力隐式求解法是有限元求解算法中应用最多的求解算法。

动力显式算法多用于高速成形过程的求解，以便考虑到惯性效应对结果的影响；除此之外，相比于静力隐式算法不易收敛的准静态问题，可采用动力算法对强非线性问题的强大处理能力进行求解，同时需要考虑由惯性效应带来的误差。

在金属体积成形模拟中，还细分弹塑性有限元法与刚塑性有限元法。弹塑性有限元理论建立的有限元模型最接近材料的实际变形行为，处理金属塑性成形仿真问题的能力较强，能够处理卸载、非稳态塑性成形过程、残余应力和残余应变的计算以及分析和控制产品缺陷等问题。但由于该理论基于增量型的本构模型，需要将增量步长取较小值来提高计算精度，计算量较大。随着计算机技术的发展，弹塑性有限元模拟在金属塑性成形过程中已取得了大量的应用。在金属塑性成形大变形分析的刚塑性有限元法中，所用的刚塑性流动模型不考虑弹性影响。刚塑性流动模型需要使用拉格朗日乘子法或罚函数法强制执行不可压缩条件。与弹塑性有限元法相比，刚塑性有限元法的主要缺点在于忽略弹性变形，不能处理卸载问题，也不能计算残余应力和弹性回复。若需要了解成形过程中坯料的体积、结构等变形情况，可采用刚塑性有限元法来减少计算量；若需要了解坯料成形后的残余应力分布情况，可以考虑采用弹塑性有限元法。

1.2.1.3　定义工况

根据设备在和其动作有直接关系的条件下的工作状态来设置仿真模拟软件的基本模拟环境，使模拟设置尽可能接近实际工作状况。在仿真成形模拟过程中直接定义坯料所受外力是很少见的，最基本的设置参考实际设置，坯料所受的外力主要是通过坯料与模具的接触施加。之前两步定义了坯料与模具的几何形状并建立了有限元模型，为使模具的作用能正确施加到坯料上，还需定义模具的位置和运动关系、接触和摩擦关系、边界条件以及其他工艺参数。

① 位置和运动关系：根据实际加工条件，将坯料与模具放置在合适位置，每个工具应有正确的相对位置关系，确保零件成形过程符合实际加工。完成定位关系后定义模具在每道工序中的运动方式，工具的运动方式主要有直线位移与旋转两种。定义直线位移需要定义模具运动的方向和运动速度的大小，定义旋转需定义模具的转轴和转角。在整个前处理操作完成后，可在有限元分析软件中预览仿真分析过程中设置的模具运动过程，防止出现设置错误等情况。

② 接触和摩擦关系：大部分有限元分析软件提供了多种接触和摩擦的处理方法供用户选择，包括了不同材料在不同温度条件下的摩擦系数大小。但软件提供的接触和摩擦只是在一种理想情况下的数值结果，不代表实际工况，如果需要真实的接触和摩擦关系，需要用户输入摩擦因数或摩擦因子。

③ 边界条件：成形模拟中的位移边界条件主要是指零件的对称性条件，利用对称性可以大大减小仿真模拟过程所需的计算量。在液压成形过程中，需要定义液压力作用的工件表面和液压力随时间的变化关系。在热加工成形过程中，需要考虑的边界条件为环境温度和表面换热系数等。

④ 其他工艺参数：例如压边圈、拉深筋等结构。压边圈需要用户指定压边力的大小。拉深筋的设置主要是采用等效拉深筋模型来模拟它对板材的进料阻力，若直接用拉深筋的几何形状来建模，则需要对细小位置进行网格细化，增加了计算量，通常用户可以直接输入确定拉深筋阻力的参数，也可以给出拉深筋的剖面尺寸，由软件计算出对应的拉深筋阻力。

1.2.1.4　求解器求解

求解器求解过程是不需用户干预的，成形过程仿真模拟具有高度非线性，计算量巨大，有限元分析软件自动生成描述单元性能的矩阵，并且将此类矩阵组合成大型矩阵方程，用来表示有限元模型结构，然后求解矩阵方程并获得每个节点上的场量值。计算过程的单元节点计算可在求解器窗口观察，并随时可以观看整个求解过程中已经计算完成的中间结果以及坯料成形情况，方便用户观察成形过程是否符合需求，若存在异常情况可随时终止。计算的中间结果将以文件形式保存，便于重新启动程序时从文件运行中止处进行计算。在体积成形中，自动划分的网格随时会出现网格自动重新划分，由于网格可能发生严重的畸变，为保证计算的正常进行，需要对畸变网格重分网格。软件可以自动地进行网格自适应重分，不必用户干预，但会影响计算处理时间。

1.2.1.5　后处理

后处理是成形过程经软件分析后将结果以图像化的形式呈现给用户，用户通过操作命令选择所需要的数据和需要显示的具体模拟量，对成形工艺可行性进行判断。有限元分析软件的后处理模块能提供坯料变形形状及变形过程、模具任意位置上的应力与应变分布云图、任意位置物理量与时间的函数关系曲线等等，通过图像化的显示，用户更加方便地理解模拟结果、分析成形工艺、预测成形质量和成形缺陷。

1.2.2　金属体积成形仿真分析若干关键技术

1.2.2.1　自动网格优化技术

有限元仿真分析软件自动划分的单元网格的几何形态与密度影响仿真模拟的精确度与计算效率。当单元网格较为均匀密集，又没有较大纵横比、歪斜、大拱脚、弯曲边偏心节点、翘曲等单元形状畸变时，由有限元计算得到的结果较为精准。单元类型、网格划分和物理问题这些畸变的联合作用对网格单元畸变降低精度的量值同样存在影响，对于应力梯度场的降低远大于对位移、温度的影响。

通常畸变会降低应力场的梯度特性。畸变的平面和空间单元可能显示出恒定场或线性变化场，但不大可能表示出更复杂场的变化情况。如果那些单元除了角节点外还有边节点，那么它们对形状畸变的敏感性通常就比较弱。有一个或更多内部节点自由度的单元也不太敏感。

自适应网格划分技术，能够按照误差准则自定义有限元网格疏密程度，若干常用的误差准则如下：

　　（1）Zienkiewicz-Zhu 应力准则　应力误差准则定义为：

$$\pi^2 = \frac{\int (\sigma^* - \sigma)^2 \mathrm{d}V}{\int \sigma^2 \mathrm{d}V + \int (\sigma^* - \sigma)^2 \mathrm{d}V} \tag{1-62}$$

式中，σ^* 为光滑化的应力；σ 为计算的应力。

应力误差如式（1-63）所示：

$$X = \int (\sigma^* - \sigma)^2 \mathrm{d}V \tag{1-63}$$

如果第 i 个单元满足以下条件，则细化该单元：

$$\pi > f_1 \ 和 \ X_{e1} > f_2 \frac{X}{N_{\mathrm{adapt}}} + f_3 X \frac{f_1}{\pi N_{\mathrm{adapt}}} \tag{1-64}$$

　　式（1-64）中 f_1、f_2、f_3 为用户定义的应力误差准则系数。f_1 的典型取值为 $0.05 < f_1 < 0.20$，f_2 的默认值为 1，f_3 的默认值为 0。如果所有单元对总体误差的贡献都相同，则认为网格最优。系数 f_3 可用来加强总体误差，其中 f_1 / π 是一个度量。

　　（2）Zienkiewicz-Zhu 应变能准则　应变能误差准则定义为：

$$\gamma^2 = \frac{\int (E^* - E)^2 \mathrm{d}V}{\int E^2 \mathrm{d}V + \int (E^* - E)^2 \mathrm{d}V} \tag{1-65}$$

式中，E^* 为光滑化的应变能；E 为计算的应变能。

应变能误差，如式（1-66）所示：

$$Y = \int (E^* - E)^2 \mathrm{d}V \tag{1-66}$$

对第 i 个单元，如果满足式（1-67），则细化该单元。

$$\gamma > f_1 \ 和 \ Y_{e1} > f_4 \frac{Y}{N_{\mathrm{adapt}}} + f_5 Y \frac{f_1}{\gamma N_{\mathrm{adapt}}} \tag{1-67}$$

式中，f_1、f_4、f_5 为用户定义的应变能误差准则系数。

　　（3）Zienkiewicz-Zhu 塑性应变准则　塑性应变误差准则定义为：

$$\alpha^2 = \frac{\int \left(\varepsilon^{p^*} - \varepsilon^p \right)^2 \mathrm{d}V}{\int \varepsilon^{p^2} \mathrm{d}V + \int \left(\varepsilon^{p^*} - \varepsilon^p \right)^2 \mathrm{d}V} \tag{1-68}$$

式中，ε^{p^*} 为光滑化的塑性应变；ε^p 为计算的塑性应变。

塑性应变误差，如式（1-69）所示：

$$A = \int \left(\varepsilon^{p^*} - \varepsilon^p \right)^2 \mathrm{d}V \tag{1-69}$$

容许的单元塑性应变误差，如式（1-70）所示：

$$\mathrm{AEPS} = f_2 \frac{A}{N_{\mathrm{adapt}}} + f_3 A \frac{f_1}{\alpha N_{\mathrm{adapt}}} \tag{1-70}$$

如果第 i 个单元满足式（1-71），则细化该单元。

$$\alpha > f_1 \ 和 \ A_{e1} > \mathrm{AEPS} \tag{1-71}$$

式中，f_1、f_2、f_3 为用户定义的塑性应变误差准则系数，$0.05 < f_1 < 0.20$。

1.2.2.2　边界条件的处理

金属体积成形过程中，随着模具的运动，模具表面因和坯料接触而对坯料施加的作用力是零件得以成形的动力。在接触过程中，坯料的变形和接触边界的摩擦作用使得部分边界条件随加载过程而变化，从而导致了边界条件的非线性。正确处理边界接触和摩擦是得到可信分析结果的关键因素。

① 接触关系：接触关系（CONTACT）参数用于设置工件、模具和可变形实体之间的主/从关系。从物体应该是具有更精细网格的物体。在由同一材料组成两个物体的情况下，任一物体都可以是从属物体，尽管预期要弹性变形的物体应定义为从属。设置"无接触"关系会导致物体彼此不可见，并允许它们不受约束地通过彼此。

② 摩擦关系：摩擦系数（FRCFAC）指定两个物体之间界面处的摩擦。摩擦系数可指定为常数、时间、温度、压力、压力温度表面拉伸、压力依赖、应变率、滑动速度或用户例程，如图 1-5 所示。

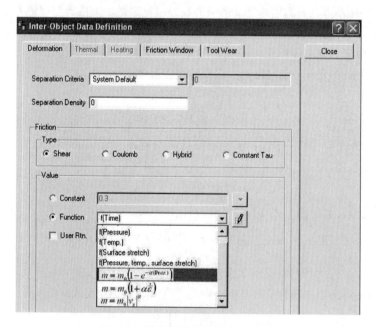

图 1-5　物体间剪切摩擦功能选项

剪切摩擦主要用于批量成形模拟。恒变定义中的摩擦力，如式（1-72）所示。

$$F_S = mk \tag{1-72}$$

其中 m 为摩擦因子，k 为剪切屈服应力。

当两个弹性变形物体（如果弹性变形物体是Elastic-Plastic Object弹塑性变形的物体）或弹性物体和刚性物体之间发生接触时，使用库仑摩擦。一般对板材成形过程进行建模。库仑定律模型中的摩擦力，如式（1-73）所示。

$$F_S = \mu p \tag{1-73}$$

其中 μ 为摩擦因子，p 为两个 part 之间的初始界面压力。两个物体之间必须有界面压力，才能存在摩擦力。如果两个物体相互接触，但是没有力将物体压在一起，则不会产生摩擦。对于两个塑性或多孔物体之间的接触，摩擦应力使用从物体的流动应力计算。

混合摩擦是两个摩擦模型的组合，可应用于两个由于摩擦而接触的物体之间，如图 1-6

所示。

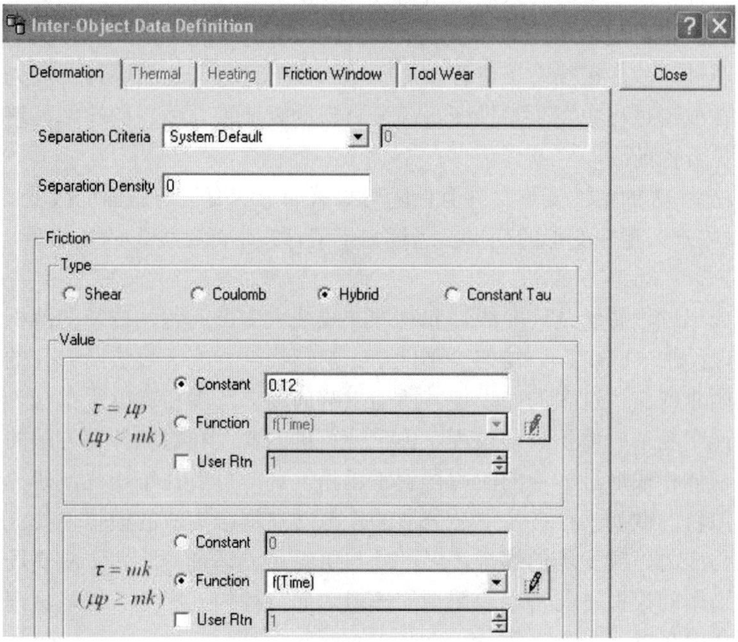

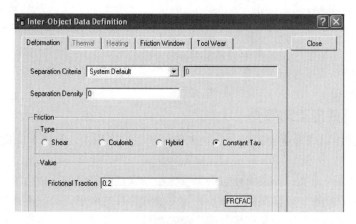

图 1-6　物体间混合摩擦窗口

　　Tau 摩擦模型允许用户设置由于摩擦而接触的两个物体之间的剪切应力，允许用户设置一个常量值，如图 1-7 所示。

图 1-7　物体间常量 Tau 摩擦窗口

1.2.3　金属体积成形仿真技术能解决的主要问题

　　金属塑性成形是金属加工的一种重要工艺，是利用金属产生塑性变形的能力，通过控制施加在金属上的外力，使之成形的工艺方法。该工艺不仅生产效率高，原材料的消耗少，而且可以有效地改善金属材料的微观组织和力学性能。因此金属塑性成形作为制造业的一个重要分支，广泛用于工业制造中。

塑性成形中依据变形特征的不同又可分为体积成形工艺和板料成形工艺。体积成形工艺是通过金属材料体积的大量转移来获得机器零件（毛坯）或各种型材，如锻造、轧制、挤压等工艺方法都属于体积成形工艺。体积成形工艺的重要特征是金属产生较大的塑性变形，因此要有较好的塑性，故多在热态下进行。对于体积成形过程其初始毛坯一般为方坯、圆棒或者厚板，而且在成形过程中发生塑性变形部分材料的表面积与体积的比率显著增大。体积成形过程有两大显著特征：

① 工件发生了大的塑性变形，并且伴随着显著的形状变化与截面的改变。

② 工件发生永久塑性变形的变形量远远大于工件发生弹性变形的变形量，因此弹性恢复可以忽略不计。

金属体积成形过程属于几何非线性和物理非线性大变形问题。传统的解析法如主应力法（切片法）、上限元法（UBET）、均匀变形能法、滑移线法、流函数法及 Hill 的一般解法等，由于数学上的困难或作了过多的假设使其所能求解问题的范围和难度等都极为有限，难以准确分析实际生产中复杂的体积成形过程。由于计算机的普及和数值计算方法的改进，数值模拟理论和技术在体积成形过程中的应用得到了迅猛发展，与前几年相比，研究的重点有所转移：由宏观模拟转向微观模拟；由单一分散的模拟转向耦合集成的模拟，如流场与温度场的耦合，温度场与应力、应变场的耦合，温度场与组织场的耦合，应力 / 应变场与组织场的耦合等；由共性通用的模拟转向特性专用型的模拟，如特种加工工艺、缺陷机理及消除等。近期的研究主要集中在以下九个方面：

① 边界条件和材料流动应力的准确描述；

② 成形过程的优化；

③ 反向模拟技术；

④ 动态网格划分与重划及自适应网格的划分；

⑤ 预测微观组织结构的演化；

⑥ 误差估计；

⑦ 并行环境下与生产系统其他技术的集成；

⑧ 非稳定性和应变集中；

⑨ 无网格技术。

1.2.3.1　锻造成形工艺简介

锻造是金属体积成形重要工艺之一，主要以塑性形变为主，是一个非常复杂的非线性过程。

锻造工艺主要有两类：一类使坯料的高度减小，横截面积增加，称为饼状零件的成形；另一类使坯料的长度增加，横截面积减小，称为长轴零件的成形。第一类成形中最典型的工艺是镦粗，镦粗时坯料的侧面易产生开裂；第二类成形中最典型的工艺是滚挤和拔长，拔长时易导致芯部开裂。

除了从工艺区分之外，从加工角度也可以分为两类：第一类是自由锻造成形（如镦粗和拔长），坯料表面与模具表面接触部分在整个变形过程中基本不变；第二类是模锻成形，坯料的边界最初只有较少的部分与模具接触，变形结束时，几乎所有的边界表面都与模具表面贴合。

1.2.3.2　自由锻及模锻件简介

锻造不限制零件大小。小型零件由于尺寸较小，设备需求不高，工艺和试制可以快速进行并及时根据结果调整。而大型零件由于尺寸较大，设备要求较高，工艺和试制成本高，调整不易。所以锻造大型零件历来都是锻造工艺研究的热点和仿真技术着力点。

大型件锻造主要有两个方面的难点：

① 如何消除金属锭内部的铸造缺陷（包括疏松、空洞、缩孔、偏析等），并且打碎"铸造组织"，得到符合标准的锻件性能。

② 如何使其得到我们想要的形状。因为金属锭体积较大，并且材料以及锻造的成本还有制造周期都不允许我们进行1∶1的试验，而缩比试验又不能满足试验要求，不能做到完全真实地了解实际金属锭内部的结构变化。

消除金属锭内部的铸造缺陷，通常采用的办法就是多次的镦粗、拔长。锻造过程中金属锭内部的静水压力越大，对缺陷的锻合与消除就越有利。基于这一观点，应该尽量避免锻件内部拉应力的形成。在多次镦粗过程中，利用仿真技术可以研究出平面砧、球面砧、锥形砧等不同砧面对锻件内部等效应力、静水压力和镦粗工艺的影响，从而制定出最合理的工艺方案。长期以来，工业上都是利用拔长前后坯料的长度比（锻造比）来衡量金属锭的压实程度，锻造比越大，越有利于提高锻件质量。但是随着现代工业的发展，金属锭尺寸越来越大，压机的锻造能力限制了大金属锭的加工。经过长期的研究，人们逐渐发现应力、应变对于评价大锻件内部的质量有着重要作用。因此，各国的锻造学者都在努力寻找通过控制边界条件以及工艺参数来锻合大锻件内部缺陷的锻造工艺方法。在改变砧形方面，先后提出了普通上下平砧拔长、上下V形拔长和上平砧下V形砧拔长，后两种方法能够更有效地锻合锻件内部的孔洞等缺陷。在边界条件和工艺参数方面，提出了JTS、FML、LZ、CKD、三点砧锻造法、收口锻造法等，这些方法都已在实际生产中产生巨大的经济效益。

模锻（Die Forging），也称模型锻造，是使金属坯料在冲击力或压力作用下，在锻模模腔中被迫塑性流动成形，从而获得锻件的一种工艺方法。它是在自由锻和胎模锻的基础上发展起来的。模锻仿真时关注的重点在于金属的流动，模式主要有两种：一种是坯料在锻模压力作用下，高度压缩而直径增大的镦粗型；另一种是坯料的局部被压缩，而另一部分高度增加或挤出凸筋的挤入型。有的外形复杂锻件是由两种变形模式组合而成。有些模锻件的工艺规程由多个工步组成，先用自由锻工步制坯，再经过预锻和终锻，最后切边和校正。前后工步需要良好配合，否则容易出现折叠或充不满而产生废品。由于模锻件的成形是在锻模型腔控制下完成的，因此，锻件的尺寸精度与锻模的设计制造以及坯料的尺寸精度和表面粗糙度密切相关。

与自由锻相比，模锻具有如下优点：

① 生产效率较高。

② 锻件的形状可以更加复杂，并可使金属流线分布更为合理，延长零件的使用寿命。

③ 模锻件的尺寸和形状精度高，表面质量好，加工余量较小。

④ 节省原材料，材料利用率更高，其中冷锻可以加工少切削甚至无切削产品达到净成形和近净成形。

⑤ 操作简单，劳动强度低。

1.2.3.3　锻造过程中的温度变化控制

锻造过程一般是在高温条件下快速实现的，由于成形过程短暂，可以近似认为温度是不变的，可按照等温成形过程处理。由于材料在高温成形时表现出明显的应变速度敏感性，硬化效应不明显，因此应采用刚（黏）塑性有限元法分析材料的塑性变形过程。

热锻过程中温度对成形过程影响是显著的，了解热锻过程中工模具内温度场的分布，对控制锻件的成形、提高模具寿命很有指导意义。当变形在高温条件下进行时，一方面，材料的性能会随温度的变化而变化，变形热的产生和工模具钢之间的热传导以及工件与环境之间的热交换将会使工件内部的温度分布极不均匀，这时温度对变形的影响不容忽视。另一方面，在某温度条件下，塑性变形中材料会产生材相变和晶粒结构的转换，这又会引起工件材料流动应力的变化。因此在进行金属热态成形仿真时既要考虑材料应变速率敏感性的影响，又需要对金属流动以及热传导进行耦合分析。

1.2.3.4　锻造仿真过程中的缺陷预测

锻造成形过程中产生的缺陷主要有两大类：几何缺陷和物理缺陷。几何缺陷主要产生在变形材料的表面轮廓上，由于模具形状设计存在不合理，因此在金属充填模腔时，有些部位存在充不满现象，即所谓"缺肉"，或在有些部位因金属回流而产生折叠。这些都属于表面缺陷，成形后用肉眼一般可以直接观察到。物理缺陷主要是指材料在流动过程中，局部变形剧烈，当流动应力超过强度极限时，可能会在材料内部产生微观裂纹，甚至扩展成大的空洞；这类缺陷将严重影响锻件的使用性能，而且用肉眼无法直接观察到。

采用塑性有限元法仿真整个锻造过程，可以及时预报缺陷产生的种类和部位，为模具设计和修改提供帮助。锻造工艺引起的缺陷主要有以下几种。

① 大晶粒。通常是始锻温度过高和变形程度不足，或终锻温度过高，或变形程度落入临界变形区引起的。

② 晶粒不均匀。指锻件某些部位的晶粒特别粗大，某些部位却较小。产生晶粒不均匀的主要原因是坯料各处的变形不均匀使晶粒破碎程度不一，或局部区域的变形程度落入临界变形区，或高温合金局部加工硬化，或淬火加热时局部晶粒粗大。晶粒不均匀将使锻件的持久性能、疲劳性能明显下降。

③ 冷硬现象。变形时温度偏低或变形速度太快以及锻后冷却过快，均可能使再结晶引起的软化跟不上变形引起的强化（硬化），从而使热锻后锻件内部仍部分保留冷变形组织。这种组织的存在提高了锻件的强度和硬度，但降低了塑性和韧性。严重的冷硬现象可能引起锻裂。

④ 裂纹。通常是锻造时存在较大的拉应力、切应力或附加拉应力引起的。裂纹发生的部位通常是坯料应力最大、厚度最薄的部位。如果坯料表面和内部有微裂纹，或坯料内存在组织缺陷，或热加工温度不当使材料塑性降低，或变形速度过快、变形程度过大，超过材料允许的塑性指标等，则在镦粗、拔长、冲孔、扩孔、弯曲和挤压等工序中都可能产生裂纹。

⑤ 龟裂。是在锻件表面呈现较浅的龟状裂纹。在锻件成形中受拉应力的表面（例如，未充满的凸出部分或受弯曲的部分）最容易产生这种缺陷。引起龟裂的内因可能是多方面的：原材料含Cu、Sn等易熔元素过多；长时间高温加热时，钢料表面有铜析出、表面晶粒粗大、脱碳，或表面经过多次加热；燃料含硫量过高，有硫渗入钢料表面。

⑥ 飞边裂纹。产生的原因可能是：在模锻操作中由于重击使金属强烈流动产生穿筋现象；镁合金模锻件切边温度过低；铜合金模锻件切边温度过高。

⑦ 分模面裂纹。原材料非金属夹杂多，模锻时向分模面流动与集中或缩管残余在模锻时挤入飞边后常形成分模面裂纹。

⑧ 折叠。它可以是由两股（或多股）金属对流汇合而形成；也可以是由一股金属的急速大量流动将邻近部分的表层金属带着流动，两者汇合而形成；还可以是由于变形金属发生弯曲、回流而形成；还可以是部分金属局部变形，被压入另一部分金属内而形成。折叠与原材

料和坯料的形状、模具的设计、成形工序的安排、润滑情况及锻造的实际操作有关。

⑨ 穿流。穿流是流线分布不当的一种形式。在穿流区，原先成一定角度分布的流线汇合在一起形成穿流，并可能使穿流区内、外的晶粒大小相差较为悬殊。穿流产生的原因与折叠相似，是由两股或一股金属带着另一股金属汇流而形成的，但穿流部分的金属仍是一整体，穿流使锻件的力学性能降低，尤其是当穿流带两侧晶粒相差较悬殊时，性能降低较明显。

⑩ 锻件流线分布不顺。锻件流线分布不顺是指在锻件底部上发生流线切断、回流、涡流等流线紊乱现象。模具设计不当或锻造方法选择不合理，预制毛坯流线紊乱，工人操作不当及模具磨损而使金属产生不均匀流动，都可以使锻件流线分布不顺。

⑪ 铸造组织残留。铸造组织残留主要出现在用铸锭作坯料的锻件中。铸态组织主要残留在锻件的困难变形区。锻造比不够和锻造方法不当是铸造组织残留产生的主要原因。铸造组织残留会使锻件的性能下降，尤其是冲击韧度和疲劳性能。

⑫ 碳化物偏析级别不符要求。碳化物偏析级别不符要求主要出现于莱氏体工模具钢中，主要是锻件中的碳化物分布不均匀，呈大块状集中分布或呈网状分布。造成这种缺陷的主要原因是原材料碳化物偏析级别差，加之改锻时锻造比不够或锻造方法不当。具有这种缺陷的锻件，热处理淬火时容易局部过热和淬裂，制成的刃具和模具使用时易崩刃。

⑬ 带状组织。带状组织是铁素体和珠光体、铁素体和奥氏体、铁素体和贝氏体以及铁素体和马氏体在锻件中呈带状分布的一种组织，它们多出现在亚共析钢、奥氏体钢和半马氏体钢中。这种组织，是在两相共存的情况下锻造变形时产生的带状组织，能降低材料的横向塑性指标，特别是冲击韧性。在锻造或零件工作时常易沿铁素体带或两相的交界处开裂。

⑭ 局部充填不足。局部充填不足主要发生在筋肋、凸角、转角、圆角部位，尺寸不符合图样要求。产生的原因可能是：锻造温度低，金属流动性差；设备吨位不够或锤击力不足；制坯模设计不合理，坯料体积或截面尺寸不合格；模膛中堆积氧化皮或焊合变形金属。

⑮ 欠压。欠压指垂直于分模面方向的尺寸普遍增大，产生的原因可能是：锻造温度低；设备吨位不足；锤击力不足或锤击次数不足。

⑯ 错移。错移是锻件沿分模面的上半部相对于下半部产生位移。产生的原因可能是：滑块（锤头）与导轨之间的间隙过大；锻模设计不合理，缺少消除错移力的锁口或导柱；模具安装不良。

1.2.3.5　锻造过程的仿真优化设计

锻造过程优化设计是指通过仿真得出金属的流动规律和变形特点，然后分析模拟结果，调整工艺参数（如成形速度、成形温度或摩擦条件）或改进模腔形状，以成形出满足质量要求的零件。在锻造工艺的优化设计中，研究的热点是预成型模具设计和预锻工步数的确定。以前在实际生产中，这类设计要由具有相当经验的工程师完成，然后还要试模，因此预成形模具的设计过程费时费力，现在通过计算机仿真技术可以极大地缩减试模成本和时间。初始预成形坯料形状的设计或选择，是基于反向模拟技术、优化设计方法、正向过程分析的预成形坯料形状设计的关键一环，而这一预成形坯料形状多是由经验知识、塑性理论、基本设计原则初步设计或者选择的。数值模拟技术在目前预成形坯料形状优化设计中起着重要作用，如反向模拟设计的预成形验证、优化设计方法中样本数据提取以及试错法中试验由有限元数值模拟来完成。以下为基于仿真技术的几种主要预成形设计方法：

（1）一致性映射法

这是一种纯几何法，由 S.S.Lanka 等提出，针对 H 形截面的工件。由于它是一种纯几何方法，因此会与实际成形过程中的金属流动方式产生偏差，所以由此类方法产生的预成形模具可靠性会降低很多。一致性映射法提出的关于预锻工位数确定的两个准则：

① 应力比准则

$$g = \frac{\sigma_1 + \sigma_2 + \sigma_3}{3\bar{\sigma}} = \frac{\sigma_m}{\bar{\sigma}} \tag{1-74}$$

在特定区域 $g>0$ 且仍将变大会出现断裂风险；而当 $g<0$ 时继续增大，在该区域的弹性形变能量会增加。

② 应变速率梯度准则，即在某区域的梯度值较大时容易形成缺陷，例如剪切带、折叠和局部应变。

（2）基于反向模拟的预成形设计

体积成形过程反向模拟的数值方法有上限元技术（Upper Bound Element Technique，UBET）和有限元法（Finite Element Method，FEM）。上限元法把构件和模具的边界简化为直边界，建立模型较为简单，计算量小，其精度也较有限元法差些。有限元法可全面考虑构件和模具的边界形状和复杂的边界条件，但是也带来了计算量大、效率低等问题。

（3）基于优化设计方法的预成形

为了减少预成形设计的盲目性，优化设计方法被引入到预成形设计，将优化设计方法同有限元数值模拟相结合，实现预成形坯料形状的设计。基于优化设计方法的预成形坯料设计方法一般要先建立目标函数和选取设计变量，然后采用一定的优化设计方法（灵敏度分析法、响应面法、遗传算法、拓扑优化法等）进行优化，最终获得预成形坯料形状或预成形模具型腔形状。

（4）基于正向模拟过程分析的预成形设计

无论是采用反向模拟方法还是优化方法获得的预成形坯料形状，都需要进行正向成形过程验证，并且根据分析结果可能需要，进一步地修正调整，而且通过反向模拟方法或优化方法获取的预成形坯料形状一般都比较复杂或接近终锻件形状，为了便于加工、降低成本，可能会进行再设计，修改简化坯料形状。直接基于正向过程分析结果，设计预成形坯料形状，然后通过试验等手段试错，会比较简单明了，基于专家知识和理论分析修改调整，比较方便易于掌握，但可能会费时费力。

1.2.3.6 挤压简介

挤压成形是指金属材料在外部应力挤压下发生塑性形变形成模具形状或从模具出口流出，形成一定形状和尺寸的工件的压力加工方法。

按照挤压时金属坯料所处的温度不同，可分为热挤压、温挤压和冷挤压等三种方式。

冷挤压：变形温度低于材料再结晶温度（通常是室温）的挤压工艺。冷挤压时金属的变形抗力比热挤压大得多，但产品尺寸精度较高，可达 IT8～IT9，表面粗糙度 Ra 为 3.2～0.4μm，而且产品内部组织为加工硬化组织，提高了产品的强度。冷挤压时，为了降低挤压力，防止模具损坏，提高零件表面质量，必须采取润滑措施。由于冷挤压时单位压力大，润滑剂易于被挤掉失去润滑效果，所以对钢质零件必须采用磷化处理，使坯料表面呈多孔结构，以存储润滑剂，在高压下起到润滑作用。

温挤压：将坯料加热到金属再结晶温度以下、回复温度以上某个适当的温度范围内进行的挤压，是介于热挤压和冷挤压之间的挤压方法。对于黑色金属，又以 600℃ 为界，划分为低温温挤压和高温温挤压。与热挤压相比，坯料氧化脱碳少，表面粗糙度较低，产品尺寸精度较高；与冷挤压相比，降低了变形抗力，增加了每个工序的变形程度，提高了模具的使用寿命。温挤压材料一般不需要进行预先软化退火、表面处理和工序间退火。温挤压零件的精度和力学性能略低于冷挤压零件。表面粗糙度 Ra 为 6.5～3.2μm。

热挤压：将坯料加热至金属再结晶温度以上的某个范围内进行的挤压。黑色金属的热挤压温度一般在 1000℃以上，铝的热挤压温度则为 450℃以上。严格地说，冷挤压和温挤压皆属冷压力加工范畴，是指在金属的再结晶温度以下进行的挤压变形。热挤压时，金属变形抗力较小，塑性较好，允许每次变形程度较大，但产品的尺寸精度较低，表面较粗糙。

按照挤压时金属配料的流动方向与凸模运动方向之间的关系又可以将挤压分为正向挤压（挤压时金属坯料的流动方向与凸模运动的方向一致）、反向挤压（挤压时金属坯料的流动方向与凸模运动的方向相反）、复合挤压（挤压时一部分金属坯料的流动方向与凸模运动的方向一致，另一部分金属坯料的流动方向与凸模运动的方向相反）、减径挤压（一种变形程度较小的变态正挤法，断面只有轻微程度的缩减）、径向挤压（挤压时金属坯料的流动方向与凸模运动的方向垂直）、镦挤复合挤压（将局部镦粗和挤压结合的方式）等基本挤压方法。

1.2.3.7　挤压成形过程仿真

由于整个挤压过程受力非常复杂，涉及力学中的几何非线性和物理非线性，很难用理论解析法进行求解，往往需要对问题进行简化，因而求解精度较低。而采用试验方法研究挤压成形过程时，材料性能、毛坯形状、模具的结构、加工温度及挤压速度等因素均会对成形过程产生影响，准确定量分析上述因素非常困难。因此，传统的研究方法已经不能满足挤压工艺研究的要求。随着计算机软、硬件水平的不断提高，通过有限元模拟研究挤压工艺过程成为现实，通过数值模拟可以获得影响挤压过程的难以测量的物理量，主要包括变形温度、挤压速度、模具结构、润滑条件等。这使得数值模拟成为研究挤压成形过程的重要手段，对提高产品质量具有重要意义。

在挤压成形仿真过程中对于金属流动的模拟是仿真试验的重点，从本质上讲，金属在挤压过程中的变形流动属于非稳态流动。一般情况下，可将整个挤压过程分为三个阶段：挤压初期，塑性区逐渐扩大，金属流动属于非稳态流动；挤压中期，塑性变形区达到最大且保持不变，由弹性区（或称刚性区）进入塑性区的金属量等于由塑性区流出工作带成为已成形区的金属量，变形体内的速度场变化很小，因此可将金属流动视为稳态流动；挤压后期，由于凹模腔内所剩金属少，凸、凹模与变形体之间接触摩擦的影响加大，致使由弹性区流入塑性区的金属少于由塑性区流出工作带而成为已成形区的金属，塑性区变小，此时，挤压缺陷有可能在此阶段出现，因此金属流动显然属于非稳态流动。稳态流动的挤压中期整个挤压过程中所占的比例取决于坯料原始高径比和模具几何形状。在模具几何形状固定情况下，坯料的原始高径比越大，稳态流动所占的比例越高。当坯料的原始高径比非常大时，可忽略挤压前、后两期的非稳态流动，将整个挤压过程视为稳态流动。冶金类型材的挤压即为此类。当坯料原始高径比较小时，非稳态流动占据整个挤压过程相当大的部分，特别是在原始坯料高径比非常小时，甚至有可能出现整个挤压过程中无稳态流动的情况。机械类零件的挤压即属于此类。

在金属的塑性成形过程中，材料的成形过程、材料流动、微观组织变化、摩擦和温度变化等，都是十分复杂的问题。这使得塑性成形缺乏系统、精确的研究分析手段。而通过有限元仿真分析的方法通用性强，适用于任意速度边界条件，能够模拟整个金属成形过程的流动规律，获得变形过程任意时刻的力学信息和流动信息，如应力场、速度场、温度场以及预测缺陷的形成和扩展；可以方便地分析处理模具形状、工件与模具之间的摩擦、材料硬化效应和温度等多种因素对塑性加工过程的影响。

1.2.3.8　挤压缺陷的仿真预测

通过仿真技术可以充分模拟出挤压过程中产生的缩口、磨损、断裂等缺陷。

缩口：挤压变形过程中，中间芯部的变形量较大，金属流动快，而凹模角部则存在一些难变形的死区，这两类变形区之间存在严重的剪切，在坯料中心的上部就会产生缩口。

磨损：在挤压变形过程中，模具的某些拐角部位温度升高，或该部位金属的应变速率梯度变大，变形剧烈，摩擦加剧，易导致磨损。塑性有限元仿真可以预测这一缺陷的产生。

预测断裂的准则是 Cocksroft 和 Latham 断裂准则。该准则认为，当某质点的损伤因子达到某一极限值时，材料在该点发生断裂。

数值模拟技术应用于金属锻压成形领域的优点主要体现在以下几个方面：

① 通过预测材料流动状态、工件最终形状及其尺寸，为工模具开发和工艺方案制定提供定量或定性依据。

② 通过预测成形温度、成形载荷、应力应变分布以及微观组织结构来控制成形过程摩擦条件、模具寿命和工件性能。

③ 通过预测锻压成形缺陷来优化产品及模具设计、优化工艺条件、提高材料利用率。目前，金属锻压成形数值模拟技术依据的数值方法主要是刚（黏）塑性有限元法。

1.2.3.9　轧制过程的模拟

轧制是通过旋转轧辊对坯料进行加压使其厚度减薄或者界面形状发生变化的加工方法，其过程是多物理场耦合的非线性过程，它涉及材料非线性、几何非线性和边界条件非线性等。现代社会对高精度、高质量轧制产品的要求越来越高，这就要求能够更准确和更高效地控制轧制过程。轧制变形机理非常复杂，难以用准确的数学模型来描述。因此，有限元数值模拟法被越来越多地应用于仿真轧制过程，它不但能解决复杂的非线性问题，而且克服了传统的物理模拟和试验研究成本高且效率低的缺点。

深入了解轧制过程中的摩擦、轧制力以及轧制后的残余应力对合理制定工艺、提高质量具有重要意义。

根据轧制时金属坯料的温度，可将轧制分为热轧与冷轧。热轧是将金属材料加热到再结晶温度以上所进行的轧制；冷轧则是在金属材料再结晶温度以下所进行的轧制。根据轧辊的形状、轴线配置以及不同轧辊与轧件相互之间的运动关系，轧制可分为纵轧、横轧和斜轧三种方式。两轧辊旋转方向相反，轧件的纵轴线与轧辊轴线垂直的轧制称为纵轧。金属不论在热态或冷态都可以进行纵轧。纵轧是生产钢铁和有色金属矩形断面的板、带、箔材，以及断面形状复杂的型材常用的加工方法，生产效率很高，且能加工长度很大和质量较高的产品。横轧是指两轧辊旋转方向相同，轧件的纵轴线与轧辊轴线平行，轧件获得绕纵轴的旋转运动的轧制方法。横轧可加工回转体工件，如变断面轴、丝杠、周期断面型材以及钢球等。两轧辊旋转方向相同，轧件轴线与轧辊轴线成一定倾斜角度，轧件在轧制过程中，除有绕其轴线的旋转运动外，还有前进运动的轧制方法称为斜轧。斜轧是生产无缝钢管的基本加工方法。轧制除了用于板材、型材、无缝钢管之外，现已广泛用来生产各种零件。传统的轧制方法只能成形等截面的型材，如板材、管材、圆材、方材等。通常，机器零件是将这些型材经过锻造、切削等方法成形的。所以零件轧制既是冶金轧制技术的发展，称它为特殊轧制，同时又是机械制造技术的发展，称它为零件轧制。

（1）轧制优点　可以破坏钢锭的铸造组织，细化钢材的晶粒，并能消除显微组织的缺陷，从而使钢材组织密实，力学性能得到改善。这种改善主要体现在沿轧制方向上，从而使钢材在一定程度上不再是各向同性体；浇注时形成的气泡、裂纹和疏松，也可在高温和压力作用下被焊合。

（2）轧制缺点

① 经过热轧之后，钢材内部的非金属夹杂物（主要是硫化物和氧化物，还有硅酸盐）被压成薄片，出现分层（夹层）现象。分层使钢材沿厚度方向受拉的性能大大恶化，并且有可能在焊缝收缩时出现层间撕裂。焊缝收缩诱发的局部应变时常达到屈服点应变的数倍，比荷载引起的应变大得多。

② 不均匀冷却造成的残余应力。残余应力是在没有外力作用下内部自相平衡的应力，各种截面的热轧型钢都有这类残余应力，一般型钢截面尺寸越大，残余应力也越大。残余应力虽然是自相平衡的，但对钢构件在外力作用下的性能还是有一定影响，如对变形、稳定性、抗疲劳等方面都可能产生不利的作用。

③ 热轧的钢材产品，需要控制好厚度和边宽。由于热胀冷缩，开始的时候热轧出来即使长度、厚度都达标，最后冷却后还是会出现一定的负差，这种负差边宽越宽，厚度越厚表现得越明显。所以对于大号钢材，对于钢材的边宽、厚度、长度，角度以及边线都没法要求太精确。

1.3　金属体积成形仿真技术研究现状及发展概述

数值仿真技术指工程设计中的分析计算与分析仿真，具体包括工程数值分析、结构与过程优化设计、强度与寿命评估、运动/动力学仿真。工程数值分析用来分析确定产品的性能；结构与过程优化设计用来在保证产品功能或工艺过程的基础上，使产品或工艺过程的性能最优；强度与寿命评估用来评估产品的精度设计是否可行，可靠性如何以及使用寿命为多少；运动/动力学仿真用来对CAD建模完成的虚拟样机进行运动学仿真和动力学仿真。

数值仿真技术的具体含义，主要表现为：运用工程数值分析中的有限元等技术分析计算产品结构的应力、变形等物理场量，给出整个物理场量在空间与时间上的分布，实现结构从线性、静力计算分析到非线性、动力的计算分析；运用过程优化设计的方法在满足工艺、设计的约束条件下，对产品的结构、工艺参数、结构形状参数进行优化设计，使产品结构性能、工艺过程达到最优；运用结构强度与寿命评估的理论、方法、规范，对结构的安全性、可靠性以及使用寿命做出评价与估计；运用运动/动力学的理论、方法，对由CAD实体造型设计出动的机构、整机进行运动/动力学仿真，给出机构、整机的运动轨迹、速度、加速度以及动力的大小等。

自1943年数学家Courant第一次尝试应用定义在三角形区域上的分片连续函数的最小位能原理来求解St.Venant扭转问题以来，一些应用数学家、物理学家和工程师由于各种原因都涉足过有限单元的概念。但到1960年以后，有限单元技术这门特别依赖于数值计算的学科才真正步入了飞速发展时期。由于其所涉及的问题和算法基本上来源于工程之中，应用于工程之中，因而仿真成为这门学科的类名称。

几十年来，有限元法的应用已由弹性力学平面问题扩展到空间问题、板壳问题，由静力平衡问题扩展到稳定问题、动力问题和波动问题；分析的对象从弹性材料扩展到塑性、黏塑性和复合材料等；从固体力学扩展到流体力学、传热学等连续介质力学领域。在工程分析中的作用已从分析和校核扩展到优化设计，并和计算机辅助设计技术的结合越来越紧密。

有限元理论的逐步成熟及计算机硬件的迅速发展使得仿真技术应用经历了 20 世纪 60 年代的探索发展时期，70～80 年代的独立发展专家应用时期，直到 90 年代与 CAD 相辅相成的共同发展、推广使用时期。

① 20 世纪 60～70 年代——仿真技术的探索发展阶段：此时，有限元的理论尚处在发展阶段，这个时期有限元技术主要针对结构分析问题进行发展，以解决航空航天技术发展过程中所遇到的结构强度、刚度以及模态试验和分析问题。同时针对当时计算机硬件内存小、磁盘空间小、计算速度慢的特点进行计算方法的改进，针对软件进行适应性研究。在这种技术及商业需求的推动下：

1963 年，Dr. Richard MacNeal 和 Mr. Robert Schwendler 投资成立了 MSC 公司，开发称为 SADSAM（Structural Analysisby Digital Simulationof Analog Methods）的结构分析软件。

1965 年，MSC 参与美国国家航空及宇航局（NASA）发起的计算结构分析方法研究。其程序 SADSAM 更名为 MSC/Nastran。

1967 年，在美国 NASA 的支持下 Structural Dynamics Research Corporation（SDRC）公司成立，并于 1968 年发布世界上第一个动力学测试及模态分析软件包。1971 年推出商用有限元分析软件 Supertab 后并入 I-DEAS。

1970 年，Dr. JohnA.Swanson 成立了 Swanson Analysis SystemInc.（SASI），后来重组后改称 ANSYS 公司，开发 ANSYS 软件。

至此，世界上计算机仿真三大公司先后完成了组建工作，致力于大型商用计算机仿真软件的研究与开发。时至今日，这三大巨头主导计算机仿真软件市场的格局基本上保持了下来。只是在发展方向上，MSC 和 ANSYS 比较专注于非线性分析市场，SDRC 则更偏向于线性分析市场，同时 SDRC 发展起了自己的 CAD/CAM/PDM 技术。

② 20 世纪 70～80 年代——仿真技术的蓬勃发展时期：1971 年，MARC 公司成立，致力于发展用于高级工程分析的通用有限元程序，MARC 程序重点处理非线性结构和热问题。

1977 年，Mechanical DynamicsInc.（MDI）公司成立，致力于发展机械系统仿真软件。其软件 ADAMS 应用于机械系统运动学、动力学仿真分析。

1978 年，Hibbitt Karlsson ＆ SorensenInc.公司成立。其 ABAQUS 软件主要应用于结构非线性分析。

1982 年，Computer Structural Analysis and Research（CSAR）公司成立。其 CSA/Nastran 主要针对大结构、流固耦合、热及噪声分析。

1983 年，Automated Analysis Corporation（AAC）公司成立，其程序 COMET 主要用于噪声及结构噪声优化等领域的分析软件 FIDAP。

1986 年，ADIND 公司成立并致力于发展结构、流体及流固耦合的有限元分析软件。

1987 年，Livermore Software Technology Corporation（LSTC）成立，其产品 LS-DYNA 及 LS-NIKE30 采用显式算法求解高速动态及特征问题。

1988 年，FLomerics 公司成立，提供用于电子系统内部空气流及热传递的分析程序 FLTOHERM。

1989 年，Engineering Software Research and Development 公司成立，致力发展 P 法有限元程序。同时 Forming Technologies Incorporated 公司成立，致力于冲压模型软件的开发。这一时期还成立了许多别的分析软件公司，如：致力于机械系统仿真的 TEDEMAS 公司；开发 CFDesign 软件解决可压缩和不可压缩流体及热传递分析的 BlueRidgeNumericInc.公司；致力于研究试验与分析集成的 Dynamic Design Solution（DDS）公司；用于不可压缩和中等可压缩的管线等分析的 Fluent 软件公司；致力于计算流体动力学与结构力学软件 Spectrum 的 Centrist 公司等。

这个时期，计算机仿真技术发展的特点：①软件的开发主要集中在计算精度、速度及与硬件平台的匹配方面。②有限元分析技术在结构分析和场分析领域获得了很大的成功。从力学模型开始拓展到各类物理场，如温度场、电磁场、声波场等的分析；从线性分析向非线性分析，如材料为非线性、几何大变形导致的非线性、接触行为引起的边界条件非线性等；从单一场的分析向几个场的耦合分析发展。出现了许多著名的分析软件，如：NASTRAN、I-DEAS、ANSYS、ADINA、SAP 系列、DYNA3D、ABAQUS、NIKE3D 与 WECAN 等。③使用者多数为专家且集中在航空、航天、军事等几个领域。这些使用者往往在使用软件的同时进行软件的二次开发。

③ 20 世纪 90 年代——计算机仿真技术的成熟壮大阶段：CAD 技术经过三十几年的发展，经历了从线框 CAD 技术到曲面 CAD 技术，再到参数化技术，直到目前的变量化技术的发展历程，为仿真技术的推广应用打下了坚实的基础。这期间各 CAD 软件开发商一方面大力发展本身 CAD 软件的仿真功能，如世界排名前几位的 CAD 软件 CATIA、CADDS、UG 都增加了基本的仿真前后置处理及一般线性、模态分析功能，另一方面通过并购另外的仿真软件来增加其软件的仿真能力，如 PTC 对 Rasna 的收购。

在 CAD 软件商大力增强其软件数值模拟功能的同时，各大分析软件也在向 CAD 靠拢。仿真软件发展商积极发展与各 CAD 软件的专用接口并增强软件的前后置处理能力。如：MSC/Nastran 在 1994 年收购了 Patran 作为自己的前后置处理软件，并先后开发了与 CATIA、UG 等 CAD 软件的数据接口。同样 ANSYS 也在大力发展其软件 ANSYS/Prepost 前后置处理功能。而 SDRC 公司利用 I-DEAS 自身 CAD 功能强大的优势，积极开发与别的设计软件的 CAD 模型传输接口，先后投放了 Pro/E to I-DEAS、CATIA to/from I-DEAS、UG to/from I-DEAS、CADDS4/ 5Solid to/from I-DEAS 等专用接口；在此基础上再增强 I-DEAS 的前后置处理功能，以保证 CAD/仿真的相关性。

计算机数值仿真软件一方面与 CAD 软件紧密结合，另一方面扩展仿真本身的功能。MSC 通过开发、并购，目前旗下拥有十几个产品，如用于非线性瞬态动力问题的 MSC/ Dytran 等。同时 ANSYS 也把其产品扩展为 ANSYS/Mechanical、ANSYS/Ls-DYNA、ANSYS/Prepost 等多个应用软件。而 SDRC 则在自己单一分析模型的基础上先后形成了耐用性、噪声与振动、优化与灵敏度、电子系统冷却、热分析等专项应用技术，并将有限元技术与试验技术有机地结合起来，开发了试验信号处理、试验与分析等相关分析能力。

计算机数值仿真软件技术的发展，给仿真的应用带来如下新特点：

① 应用领域越来越宽。仿真软件涉及军事、航空、航天、机械、电子、化工、汽车、生物医学、建筑、能源、计算机设备等各个领域，学科涉及固体力学、流体力学、电磁学、化学等学科，不仅应用范围发生了变化，而且软件的使用者也发生了巨大变化。使用者从 20 世纪 70~80 年代的分析专家转变到目前的设计者和设计工程师。

计算机数值仿真软件应用范围的扩大及其使用者的变化，对仿真软件提出了新的要求：首先，不仅要面向专家，同时也要面向广大设计者和设计工程师，即要求仿真软件从单纯的仿真走向 CAD/仿真一体化，在设计者可以用设计几何直接进行仿真分析的同时满足专家的分析需求。其次，易于使用，稍微具备有限元常识的人即可参与分析工作。由于设计者、设计工程师与专家的知识背景不同，他们所承担的分析任务及分析流程也不同。要求设计者和设计工程师能直接利用设计几何进行设计性能的快速分析计算，设计者需要具备基本的分析基础知识和专业基础知识。设计者所完成的分析内容包括应力、声压、变形等分析，而要求分析专家对最终的设计性能进行准确的分析评估，需要具备某一方面的专门知识，所涉及的分析领域为失效、声音质量、振动等。

设计者、设计工程师与分析专家分析目标及所具备专业知识的不同造成分析流程的不同。设计者、设计工程师主要进行基于几何的有限元分析。这种分析流程保证了设计模型与分析模型的相关性，即设计模型修改将导致分析模型的修改，反之分析的优化结果将驱动设计模型的修改。对于分析专家，分析流程可以分解为 CAD→Pre/Post→仿真。若采用 CAD/仿真一体化的分析软件，则可以保证数据相关，减少数据传输带来的误差，仅需要掌握一套软件体系。反之，有可能需要用到三套不同的软件体系，随之产生的数据传输等方面的问题则可能会让使用者苦不堪言。

② 分析人员将主要时间和精力转向前后处理。如果把整个分析过程分解为前处理、求解、后处理，则前处理将包括建立几何模型、几何模型输出准备、整理输入几何模型、网格划分、定义边界条件载荷及约束。而求解和后处理相对简单。

图 1-8 为 1997 年 SDRC 公司对分析人员整个分析过程中各个阶段所占的时间百分比所做的调查结论。

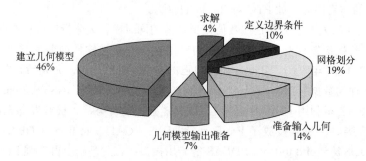

图 1-8   分析人员分析过程各阶段时间占比图

如果说以前为得到一个几千节点模型的模态分析结果，需要等待几个小时的话，那么现在相同节点模型的模态分析计算时间不到 5min。由图 1-8 可以看出，由于计算机硬件速度的提高以及分析软件计算方法的改进，求解时间仅占 4%。相比之下在整个分析过程中前处理（建立几何模型，准备输入几何模型，网格划分，定义边界条件）占用了 89% 的时间，后处理（几何模型输出）占用了 7% 的时间。

由此可见，目前影响分析效率的主要环节是前后置处理。解决的方法有：

a. 采用 CAD/仿真/CAM 一体化软件，解决大多数的分析任务。

b. 提高分析软件的前后置处理能力，压缩整个分析过程中前后置处理时间。

c. 采用同一有限元模型进行多种分析。

③ 现代产品开发环境对仿真的要求。单一有限元模型应用于多种分析求解。目前在产品开发中，产品评估（PE）的概念已经开始广为人们接受。产品评估包含了大家熟知的仿真和计算机辅助物理样机测试 CAT，以计算力学技术与试验技术的综合来对产品进行双向的分析、全面的验证。它可贯穿于整个产品开发过程之中，从用户需求、概念设计、产品设计、产品及零件详细设计、工艺性分析、产品性能验证、生产维护的各个阶段，对产品进行有效的分析。显然，这种分析的结果是更客观、可靠的。这种产品的开发环境对仿真提出如下要求：

a. 短时间内建立有效的模型，减少反复时间并维持可靠度。

b. 多重并行评估，增加评估能力。

c. 产品评估过程的重叠及改善，信息交流结果解释及数据共享。

④ 计算机仿真技术发展的几个趋势：

a. 应用领域：目前应用范围扩大到军事、航空、航天、机械、电子、化工、汽车、生物医学、建筑、能源、计算机设备等各个领域。

b. 使用对象：已经从以专家为主转向普通设计者和开发工程师。

c. 软件功能：从单一仿真功能转向 CAD/仿真/CAM/CAT 一体化，尤其是设计/分析一体化。

d. 使用时机：仿真技术将会贯穿产品开发的每一个环节。

e. 专业融合：把分析仿真与试验 CAT 结合在一起使用，这是一种含义更为广泛的"广义仿真"技术，又称为产品评估。

f. 技术创新：变量化技术在 CAD 领域的成功应用将会扩展到分析领域，以实现变量化分析（Variational Analysis）。到那时，实时、随意的多方案分析过程会使得仿真变得更加轻松自如、易学好用。

计算机辅助工程技术（CAE）是计算机技术和工程分析技术相结合而形成的新兴技术，其理论基础是有限单元法。有限单元法是广泛运用于工程分析中的数值计算方法，具有通用性和有效性。有限单元法的基本思想起源于 Courant 对 St.Venant 扭转问题的求解，具有以下特性：对复杂几何构型的适应性、对各种物理问题的可应用性、建立于严格理论基础上的可靠性和适合计算机实现的高效性。有限单元法的求解思路可以概括为：根据实际问题的物理特点，将求解域划分为若干相连、不相互重叠的单元；根据变分原理和加权余量法，利用最小位能原理和基于单元节点物理量值的插值函数构建单元的有限元方程；由转换矩阵，集成机构的刚度矩阵和等效节点载荷阵列；引入边界条件；求解总体有限元方程。近几年来，有限单元法在理论、方法的研究、软件程序的开发及其应用等方面都取得了根本性的发展，在理论、方法方面扩展了单元的类型和形式，发展了以 Hellinger-Reissner 原理、Hu-Washizu 原理为代表的分析方法，发展了混合型、杂交性有限元表达格式，有限元后验误差估计和应力磨平方法的研究提高了有限元计算精度。有限元解法上的发展主要集中在提高迭代收敛性的研究。

近些年来，CAE 技术的应用已经进入了快速发展阶段，主要表现为以下七个方面：

① 从单纯的结构计算发展到求解多物理场耦合问题。

② 由求解线性工程问题发展到非线性问题。

③ 增强了可视化的前处理建模工具和分析结果后处理工具。

④ 与 CAD 软件的无缝集成。

⑤ 从手工逐步向自动化发展。

⑥ 从单一分析功能向平台化发展。

⑦ 从军工转向民用。

CAE 技术在材料加工领域同样得到了广泛的应用，以 DEFORM、DYNAFORM 等为代表的商业专业软件在高校、研究机构和企业的研发体系中发挥着关键作用。CAE 技术在材料加工理论研究、材料加工工艺设计与优化和材料加工工装设计与优化等方面都发挥着重要的作用。通过 DEFORM-3D/HT 软件模拟了高精度斜齿轮坯料经冷锻后的等效应力、等效应变的分布情况以及锻造所需要加载的载荷和锻模应力分布情况，同时验证了毛坯几何形状设计的准确性；除此之外，通过热处理模拟，观察在不同冷却介质下，齿轮的微观组织和形变量的变化情况。为了缩短产品研发周期，提高产品性能、可靠性和安全性，降低研发成本，越来越多的企业在产品设计研发阶段引入计算机辅助工程技术。

1.4 金属体积成形仿真软件——DEFORM 简介

1.4.1 DEFORM软件

DEFORM（Design Enviroment for Forming）有限元分析系统是美国科学成形技术公司（Scientific Forming Technologies Corporation，SFTC）开发的一套专门用于金属成形及相关行业的各种成形和热处理过程的软件。通过在计算机上模拟整个加工工艺，可减少昂贵的现场试验费用，提高工模具设计效率，降低生产和材料成本，缩短新产品的研究开发周期。二十多年来的工业实践证明了基于有限元法的 DEFORM 有着卓越的准确性和稳定性，求解器在大变形、行程载荷和产品缺陷预测等方面同实际生产相符，保持着令人叹为观止的精度，被国际成形模拟领域公认为处于同类型模拟软件的领先地位。

DEFORM 是在一个集成环境内综合建模、成形、热传导和对成形设备特性进行模拟仿真分析的应用程序，适用于热、冷、温成形，提供极有价值的工艺分析数据，如材料流动、模具填充、锻造负荷、模具应力、晶粒流动、金属微结构和缺陷产生发展情况等。

DEFORM 可以模拟零件制造的全过程，从成形、热处理到机加工。DEFORM 旨在帮助设计人员在制造周期的早期检查、了解和修正潜在的问题或缺陷。DEFORM 具有非常友好的图形用户界面，可帮助用户方便地进行数据准备和成形分析。这样，工程师们便可把精力主要集中在工艺分析上，而不是去学习烦琐的计算机软件系统。

（1）产品特色

① 友好的图形界面　DEFORM 专为金属成形而设计，具有 Windows 风格的图形界面，如图 1-9 所示。它可方便快捷地按顺序进行前处理及多步成形分析操作设置，分析过程流程化，简单易学。另外，DEFORM 针对典型的成形工艺提供了模型建立模板，采用向导式操作步骤，引导技术人员完成工艺过程仿真分析。

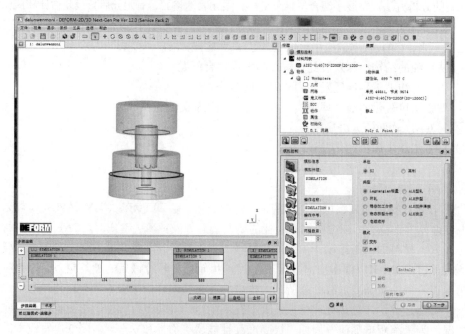

图 1-9　图形界面

② 高度模块化、集成化的有限元模拟系统 DEFORM 是一个高度模块化、集成化的有限元模拟系统,它主要包括前处理器、求解器、后处理器三大模块。前处理器完成模具和坯料的几何信息、材料信息、成形条件的输入,并建立边界条件。求解器是一个集弹性、弹塑性、刚(黏)塑性、热传导于一体的有限元求解器。后处理器是将模拟结果可视化,支持 OpenGL 图形模式,并输出用户所需的结果数据。DEFORM 允许用户对数据库进行操作,对系统设置进行修改,并且支持自定义材料模型等。除此之外,DEFORM 能够将 2D/3D 系统整合于同一界面,可实现 2D/3D 模型的网格及参数数据转换,完成二维到三维的多工序联合分析计算。

多工序操作集成系统如图 1-10 所示,能够将锻造、热分析、热处理、切削、自由锻、轧制工艺的分析集成在统一操作界面下,实现多工序任意工艺内容的添加计算,并能够实现各工序参数的卡片式管理,达到成形及热处理的全工艺连续分析。

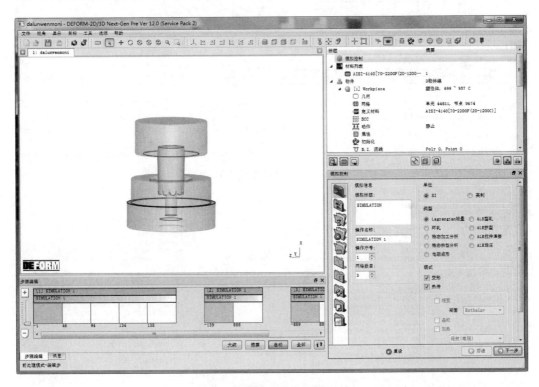

图 1-10 多工序操作集成系统

③ 有限元网格自动生成器以及网格重划分自动触发系统 DEFORM 强大的求解器支持有限元网格重划分,能够分析金属成形过程中多个材料特性不同的关联对象在耦合作用下的大变形和热特性,由此能够保证金属成形过程中的模拟精度,使得分析模型、模拟环境与实际生产环境高度一致。DEFORM 采用独特的密度控制网格划分方法,方便地得到合理的网格分布。计算过程中,在任何有必要的时候都能够自行触发高级自动网格重划生成器,生成细化、优化的网格模型,如图 1-11 所示。

④ 集成金属合金材料库 DEFORM 自带材料模型包含弹性、弹塑性、刚塑性、热弹塑性、热刚黏塑性材料,粉末材料、刚性材料及自定义材料等类型,并提供了丰富的开放式材料数据库,包括美国、日本、德国的各种钢、铝合金、钛合金、高温合金等 300 多种材料的相关数据。用户也可根据自己的需要定制材料库,如图 1-12 所示。

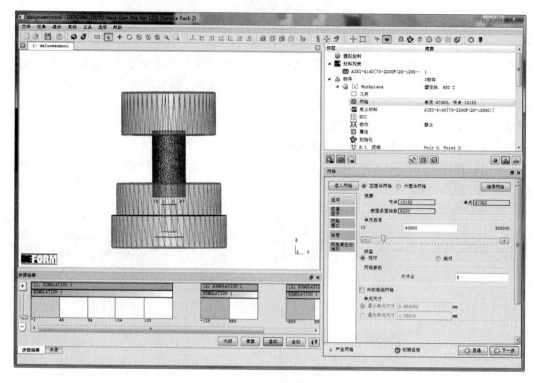

图 1-11　集成化有限元系统

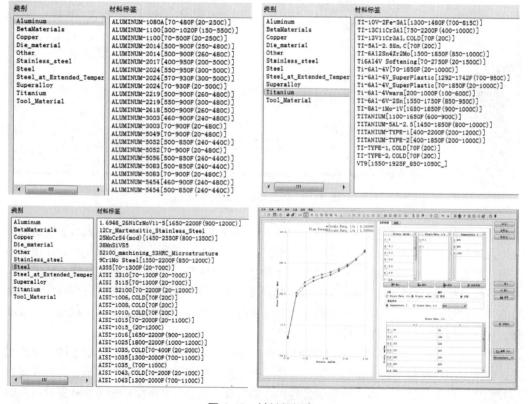

图 1-12　材料数据库

⑤ 集成多种成形设备模型　DEFORM集成多种实际生产中常用的设备模型，包括液压机、锻锤、机械压力机、螺旋压力机等。设备型号数据库还包括多种型号锻锤、机械压力机、螺旋压力机数据，可根据实际设备型号直接选用。成形设备数据库可以分析采用不同设备的成形工艺，满足用户各种成形条件下模拟的需要。

⑥ 用户自定义子程序　DEFORM提供了求解器和后处理程序的用户子程序开发。用户自定义子函数允许用户定义自己的材料模型、压力模型、破裂准则和其他函数，支持高级算法的开发，极大扩展了软件的可用性。后处理程序的用户子程序开发允许用户定制所关心的计算结果信息，丰富了后处理显示功能。

⑦ 辅助成形工具　DEFORM针对复杂零件锻造过程，提供了预成形设计模块Preform，该模块可根据最终锻件的形状反算锻件的预成形形状，为复杂锻件的模具设计提供了指导。针对热处理工艺界面热传导参数的确定，提供了反向热处理分析模块（Inverse Heat），帮助用户根据试验结果确定界面热传导参数。

（2）实用价值

① 多种IGES、STL、IDEAS、PATRAN、NASTRAN等CAD和CAE接口，方便用户导入模型。

② 提供多达300种材料数据的材料库，几乎包含了所有常用材料的弹性变形数据、塑性变形数据、热能数据、热交换数据、晶体长大数据、材料硬化数据和破坏数据，方便用户计算过程中使用。

③ 系统中在任何必要时都能够自行触发自动网格重划生成器，生成优化的网格模型。在精度要求较高的区域，可以划分较细密的网格，从而降低题目的规模，并显著提高计算效率。

④ 提供SPOOLES、MUMPS、Conjugate gradient、Skyline、GNRES、Domain decomposition、Dual mesh、Domain decomposition + Dual mesh、Explicit等多种求解器类型，提供Newton-Raphson和Direct 2种迭代方法。用户可根据不同工况、不同材料性能选择不同计算方法（注：DEFORM软件针对不同的工况已经设置默认求解器）。

⑤ 多种控制选项和用户子程序使得用户在定义和分析问题时有很大的灵活性。

⑥ 并行求解显著提高求解速度。

⑦ 获得金属成形过程中的速度场、应力应变、温度场、流线等结果，以分析型材成形中充填不满、折叠、开裂等缺陷。

⑧ 设计工模具和产品工艺流程，减少昂贵的现场试验成本。

⑨ 提高工模具设计效率，降低生产和材料成本。

⑩ 为用户优化模具结构及工艺参数。

⑪ 缩短新产品的研发周期。

1.4.2　DEFORM V12.0系统

金属塑性成形过程中仿真系统的建立，就是将弹塑性有限元理论、刚塑性成形工艺学、计算机图形处理技术等相关理论和技术进行有机结合的过程。DEFORM V12.0软件的模块结构是由前处理器、求解器和后处理器三大模块组成。

1.4.2.1　前处理器

前处理器包括三个子模块：

① 数据输入模块，便于数据的交互式输入，如初始速度场、温度场、边界条件、冲头行

程以及摩擦系数等初始条件；

② 网格的自动划分与自动再划分模块；

③ 数据传递模块，当网格重划分后，能够在新旧网格之间实现应力、应变、速度场、边界条件等数据的传递，从而保证计算的连续性。这三个模块主要完成以下功能：

① 力学模型的建立和离散化（包括变形体与模具）；

② 初、边值条件的提法；

③ 材料模型的确定；

④ 数据交换接口。

力学模型的建立与离散化以及初、边值条件的提法是前处理器的关键。DEFORM V12.0软件充分考虑到用户交互界面中交互方式的友好性，设计出便于用户理解仿真过程并能实时地监控仿真过程的前处理器。

材料模型的确定主要包括：按照既定的弹塑性、弹黏塑性、刚塑性、刚黏塑性模型输入相应的热、物理参数；根据用户提供的试验曲线及数据，软件系统自动拟合及转化成仿真所需的模型和参数。

1.4.2.2 求解器

真正的有限元分析过程是在求解器中完成的，DEFORM V12.0 运行时，首先通过有限元离散化将平衡方程、本构关系和边界条件转化为非线性方程组，然后通过直接迭代法或Newton-Raphson 法进行求解，求解的结果以二进制的形式进行保存，用户可在后处理器中获取所需要的结果。求解器还与自动网格生成 AMG 系统无缝协作，以便在必要时在工件上生成新的 FEM 网格。当模拟引擎运行时，它输出消息文件（MSG 文件）和日志文件（LOG文件）。

日志（LOG）文件：在运行模拟时创建日志文件。它们包含有关开始和结束时间、重新网格化（如果有）的一般信息，如果模拟意外停止，则可能包含错误消息，并在 3D 作业的情况下包含运行 FEM 作业的类型（32 位或 64 位模拟）。

消息（MSG）文件：在运行模拟时，也会创建消息文件。它们包含有关模拟行为的详细信息，并可能包含有关模拟停止原因的信息。

1.4.2.3 后处理器

后处理器用于显示计算结果，结果可以是图形形式，也可以是数字、文字混编的形式。获取的结果可为每一步的：①有限元网格；②等效应力、等效应变以及破坏程度的等高线和等色图；③速度场；④温度场；⑤行程载荷曲线等。此外用户还可以列点进行定点跟踪，对个别点的轨迹、应力、应变、温度等进行跟踪观察，并可根据需要抽取数据。同时可以输出 PPT、PDF 报告，使用 PIP 解释整个数据库的结果，在感兴趣区域绘制结果，进行样片数据提取以评估特定切割部件的微观结构和机械属性以及一般后处理功能。

1.4.3 DEFORM V12.0的主要功能模块

（1）成形分析模块

● 冷、温、热锻的成形和热传导耦合分析；

● 丰富的材料数据库，包括各种钢、铝合金、钛合金和超合金；

● 用户自定义材料数据库允许用户自行输入材料数据库中没有的材料；

● 提供材料流动、模具充填、成形载荷、模具应力、纤维流向、缺陷形成和韧性破裂等信息；

- 刚性、弹性和热黏塑性材料模型，特别适用于大变形成形分析；
- 弹塑性材料模型适用于分析残余应力和回弹问题；
- 烧结体材料模型适用于分析粉末冶金成形；
- 完整的成形设备模型可以分析液压成形、锤上成形、螺旋压力成形和机械压力成形；
- 用户自定义子函数允许用户定义自己的材料模型、压力模型、破裂准则和其他函数；
- 网格划线（DEFORM-2D，PC，Pro）和质点跟踪（DEFORM 所有产品）可以分析材料内部的流动信息及各种场量分布；
- 温度、应变、应力、损伤及其他场变量等值线的绘制使后处理简单明了；
- 多变形体模型允许分析多个成形工件或耦合分析模具应力。

（2）热处理模块

- 模拟正火、退火、淬火、回火、渗碳、碳氮共渗等工艺过程；
- 预测硬度、晶粒组织成分、扭曲和含碳量；
- 专门的材料模型用于蠕变、相变、硬度和扩散；
- 可以输入顶端淬火数据来预测最终产品的硬度分布；
- 可以分析各种材料晶相，每种晶相都有自己的弹性、塑性、热和硬度属性；
- 混合材料的特性取决于热处理模拟中每步各种金属相的百分比。

（3）模具应力分析模块

模具应力分析模块允许用户轻松构建模具应力模拟。

（4）机加工模块

- 机加工模块允许对具有变形历史的零件上的加工刀路产生的零件偏转进行建模。
- 机加工向导允许用户执行二维和三维金属切割模拟，用于车削、铣削和钻孔等机加工操作。

第2章

镦粗成形仿真及分析

2.1 镦粗成形特点及工艺简介

镦粗是指用压力使坯料高度减小而直径（或横向尺寸）增大的工序，是塑性成形中最基本的成形方式之一，在冲压、锻造、挤压、轧制等成形方式中材料都有受压力而产生镦粗的现象。

有些要点在镦粗工艺中要特别留心，诸如：对于坯料来说镦粗时坯料的端面要尽量平整且与轴线垂直，否则容易镦弯；对于硬度较高的金属，过大的镦粗力容易使坯料产生纵向裂纹。所以，镦粗时要考虑金属塑性的高低，适时调整施力大小，控制其变形程度。

对于镦粗工艺来说，镦粗施力要平衡，否则坯料容易镦歪；镦粗力要足够大，否则容易形成细腰或夹层。本章主要通过一个基本的镦粗模拟案例，让读者了解如何使用 DEFORM V12.0 完成镦粗成形仿真过程，案例示意图如图 2-1 所示。通过上模向下运动使坯料受力产生形变。采用软件数据库中的模型便于用户进行练习，用户可根据实际工艺对镦粗模型进行修改。

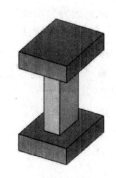

图 2-1 镦粗成形示意图

2.2 镦粗模拟仿真试验

有限元仿真软件 DEFORM V12.0 的仿真分析步骤主要包括前处理、求解器求解、后处理。其中，前处理模块是有限元分析的主要步骤，需要用户对仿真问题建立模型，并设置相关参数，该过程约占到用户操作时间的 80%；求解器求解是软件对前处理设置的模型问题进行求解计算，不需要用户进行操作；后处理是将结果以图像的形式展现，便于用户观察结果。

前处理过程中主要是针对模型的操作与模拟条件的设置，其基本操作过程具体阐述如下。

2.2.1 创建新项目

双击打开 DEFORM V12.0 软件，进入软件的主窗口，如图 2-2 所示。主窗口左上方为菜单栏，左侧为文件路径，中间为信息显示窗口，右侧从上至下分别为前处理（Pre Processor）、求解（Simulator）与后处理（Post Processor）。考虑软件兼容性，开发者在 DEFORM V12.0 软件中仍保留 DEFORM V11.0 的前后处理模块，可以通过没有带星号的 2D/3D Pre 与 2D/3D 后处理进入。

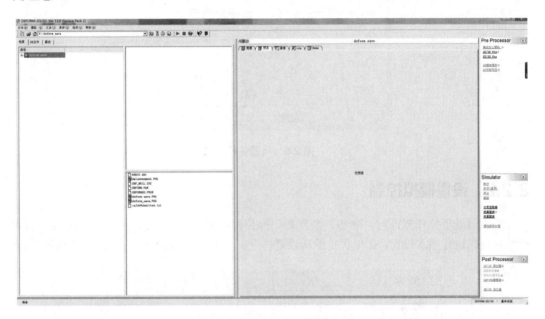

图 2-2　DEFORM V12.0 主窗口

　　创建一个新项目，首先点击主窗口左上方菜单栏的"文件"，选择"开启新专案（N）"，选择后弹出"问题设定"窗口，如图 2-3 所示。"问题形式"选择"集成"模块中带有星号的"2D/3D Pre"，单位选择"公制"。完成之后点击"Next"进入问题位置设置，"问题位置"设置如图 2-4 所示，注意保存文件的位置路径必须是数字或者英文，不能出现中文路径与空格，防止模拟试验出现错误。完成之后点击"Next"进入"问题名称"设定，根据用户需求设置不同且易于分辨的项目名称，如图 2-5 所示。完成之后点击"Finish"进入前处理模块。

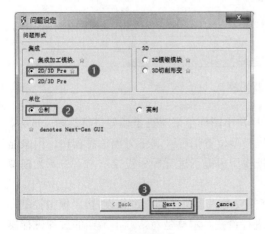

图 2-3　问题形式

图 2-4　问题位置

图 2-5　问题名称

2.2.2　设置模拟控制

进入前处理操作界面时，弹出"新问题"操作框，如图 2-6 所示。由于在创建新项目时已经对问题进行基本设置，此处保持默认设置，点击"OK"完成设置，进入图 2-7 所示界面。

图 2-6　新问题

前处理操作界面如图 2-7。左上方①为菜单栏，小图标用来对三维模型进行旋转、放大、缩小等设置；中间②为显示窗口，用来观察三维模型位置情况，其下方为信息窗口，用来显示系统提示；右上方③为操作步骤模型树，根据模型树提示进行操作设定；右下方④为模拟控制窗口，用来对分析系统进行整体控制。

如图 2-8 所示，根据模型树的提示，第一步需要对"模拟控制"进行设置，"模拟控制"中需要对"模拟信息""单位""类型""模式"进行设置。本章是对常温下镦粗的过程进行模拟，所以不需要考虑热传的影响，因此取消勾选"热传"，勾选选项与其他设置如图 2-9 所示。完成操作后点击右下角的"下一步"。

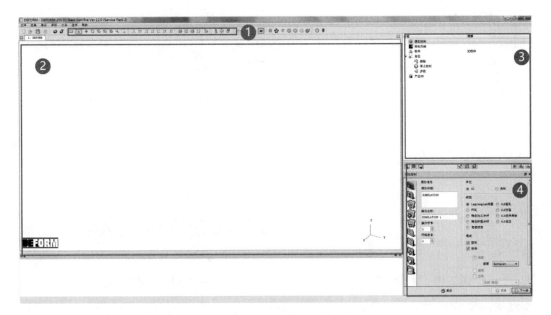

图 2-7　前处理操作界面

图 2-8　模拟控制

图 2-9　模式

2.2.3　设置材料

如图 2-10 所示，当完成模拟控制的设置后，从右上方的模型树进入"材料列表"。此时右下方的材料列表中暂时没有任何材料，需要用户手动添加。图 2-11 中"🖾"表示从软件外部加载材料，"🖾"表示从软件的材料库中加载材料。

本章的模拟材料选用材料库中存在的材料。点击"🖾"，弹出材料数据库，如图 2-12 所示，选中"Steel"中的"AISI-1045，COLD[70F（20C）]"材料，完成后点击"载荷"按钮，回到材料列表，此时材料已经添加完成，如图 2-13 所示。完成后点击"下一步"，可以查看该材料模型的具体信息，如图 2-14 所示。材料模型确认无误后可点击"下一步"。

图 2-10　材料列表

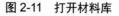

图 2-11　打开材料库

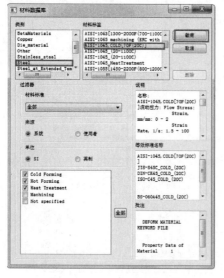

图 2-12　材料数据库

图 2-13　材料添加

图 2-14　材料属性

2.2.4 加载坯料与模具

完成材料的加载后进入模型的设置，模型树跳转到物件模块，如图 2-15 所示，此时模型树提示处于无物体状态，需要用户添加三维模型。观察图 2-1，在镦粗过程中存在上模、坯料、下模三个结构，于是点击图 2-16 中左上角的 "➕" 三次，添加完成后物体窗口与模型树分别如图 2-17 与图 2-18 所示。完成后点击右下角的 "下一步" 进入对 Workpiece 的操作。

图 2-15　物体

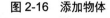

图 2-16　添加物体

图 2-17　物体类型

图 2-18　物体模型树

观察图 2-19 模型树中 Workpiece，根据提示对坯料的几何、网格与材料进行定义。首先对坯料进行定义，如图 2-20 所示，定义 Workpiece 的温度与类型，由于在常温下，故温度设置为 "20℃"，物件类型为 "塑性体"，完成后点击 "下一步"，进入几何导入操作，如图 2-21 所示。

要将坯料的三维模型从数据库中加载入前处理，需点击图 2-22 中的 "⊡" 进入软件自带的模型数据库,选中"Block-Billet.STL"文件,点击"打开"按钮,如图 2-23 所示,弹出窗口点击"Yes"(图 2-24),坯料文件加载完成,加载完成后在窗口上显示出一块长方体坯料,如图 2-25 所示。通过鼠标中键可以完成对模型的旋转与缩放,以便观察模型。

图 2-19　Workpiece

图 2-20　定义物体温度与类型

图 2-21　定义几何

图 2-22　导入几何

图 2-23　选择坯料

图 2-24　导入模型

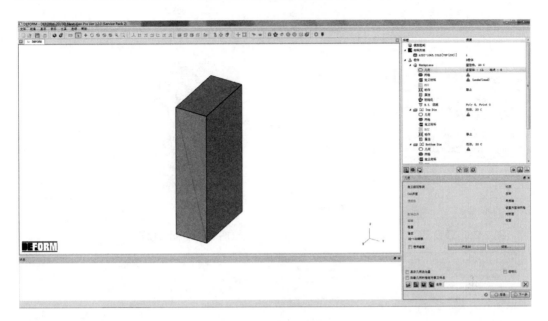

图 2-25 坯料预览

完成坯料加载后，点击右下方的"下一步"，开始对坯料进行网格划分，如图 2-26 所示。网格的大小与数量影响着求解的效率与精确度，用户可根据需求选择网格的类型、大小与数量。本章中由于模型较为规则且用以示范，网格不需要过于密集，故设定的单元数目为"8000"，其他的参数设置如图 2-27 所示。完成设置后点击图 2-27 左下角的"产生网格"，弹出对话框点击"Yes"，如图 2-28 所示，完成网格划分后的模型如图 2-29 所示。至此网格划分完成，点击"下一步"进入模型材料定义。

由于前面步骤中已经将所使用的材料模型加载至该项目中，当进行坯料材料的定义时，点击所需要的材料即可完成材料定义。如图 2-30 所示，点击"AISI-1045，COLD[70F（20C）]"材料，图 2-31 模型树中已将该材料特性赋予坯料。至此，Workpiece 中已经满足模拟最基本的要求，没有红色标记部分，至此 Workpiece 定义完成。

图 2-26 网格

图 2-27 定义网格数量

图 2-28　预设 BCC

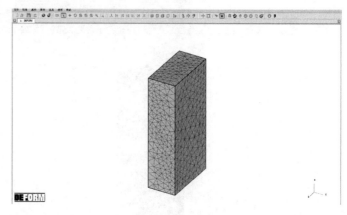

图 2-29　网格预览

图 2-30　选择材料

图 2-31　定义材料

如图 2-32 所示，Workpiece 定义完成后可跳过 BCC、动作、属性等设置，直接点击模型树中的"Top Die"，开始对上模具进行设置。如图 2-33 所示，上模具的物件温度在常温下设置为"20℃"，物件类型选择为"刚体"，设置完成后点击"下一步"。

图 2-32　Top Die

图 2-33　定义上模温度与类型

　　如图 2-34、图 2-35 所示，加载几何需点击图 2-35 中的""进入软件自带的模型数据库，选中"Block-Top Die.STL"文件，点击"打开"按钮，弹出窗口点击"Yes"，上模具文件加载完成，加载完成后在窗口上显示出一块长方体的上模具，如图 2-36 所示。

| 图 2-34　定义几何 | 图 2-35　材料库 |

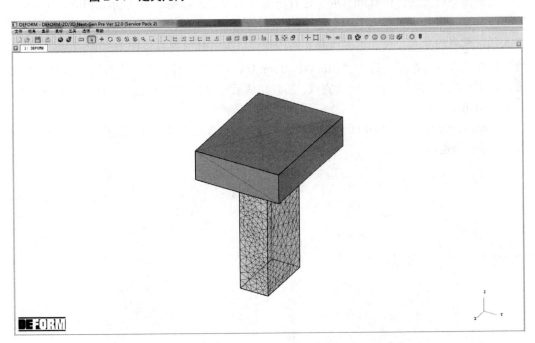

图 2-36　上模具预览

　　由于只进行坯料的塑性变形观测，模具设置为刚体，不必进行网格划分与材料定义，可大大减小软件的计算量。由于坯料的塑性变形依靠上模的作用力，于是需要对上模具的运动过程进行定义。如图 2-37 所示，此时上模具的状态显示为静止，需要通过设置参数使其进行运动。点击"动作"后，右下方如图 2-38 所示，选择　"平移"中的形式为"速度"，方向为"-Z"，常数值为"1"，完成定义后模型树上的上模具状态从静止变为了"速度-Z，1"。至此上模具设置已完成。

图 2-37   定义上模动作

图 2-38   参数设置

点击模型树上的"Bottom Die"进行下模具的设置。如图 2-39 所示，"Bottom Die"的物件温度在常温下设置为"20℃"，物件类型选择为"刚体"，设置完成后点击"下一步"进入几何模型的导入。与导入上模具相同的操作，加载几何需点击图 2-40 中""进入软件自带的模型数据库，选中"Block-Bottom Die.STL"文件，点击"打开"按钮，弹出窗口点击"Yes"，下模具文件加载完成，加载完成后在窗口上显示出一块长方体的下模具，如图 2-41 所示。

至此，在镦粗成形过程中所需要的模具与坯料全部加载完成，在模型树中的物件模块没有红色的警告提示。

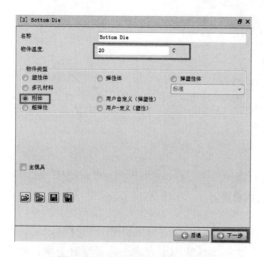

图 2-39   定义下模温度与类型

图 2-40   材料库

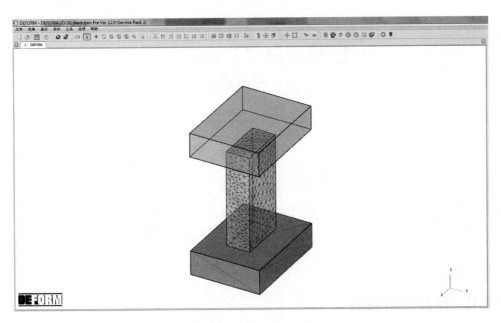

图 2-41 下模具预览

2.2.5 定义位置关系

完成坯料与模具的加载后，根据实际加工过程中模具与坯料的位置关系，对窗口中的物体进行位置关系定义。在镦粗过程中，坯料置于模具之间，由上模具沿竖直方向向下进行挤压。

点击图 2-42 模型树中的"定位"，然后点击图 2-43 中的"定位物件"，进入物件定位窗口，如图 2-44 所示。物件定位选择"干涉"方法，整个过程分为两步操作。第一步：定位物件为"Workpiece"，接近方向为"−Z"，参考为"Bottom Die"，点击"应用"；第二步：定位物件为"Top Die"，接近方向为"−Z"，参考为"Workpiece"，点击"应用"。完成这两步操作后，上下模具与坯料的位置已移动到开始镦粗前一刻，点击"OK"，完成模具与坯料的物件定位设置。然后点击"下一步"进入"接触"设置。

图 2-42 定位

图 2-43 定位物体

图 2-44　干涉

2.2.6　定义接触关系

如图 2-45 所示，此时模型树位于接触关系设置，操作界面如图 2-46 所示。点击右上角"添加默认关系"，系统会自动添加上模具与坯料、下模具与坯料接触面之间的接触关系，如图 2-47 所示。

图 2-45　接触

图 2-46　添加接触

根据实际模拟情况，用户可点击图 2-47 中" "对接触关系进行自定义设置。试验表明，当法向应力不大的时候可采用库仑摩擦模型；当法向力或法向应力太大时库仑摩擦同实际结果有较大的误差，这时应采用基于切应力的摩擦模型。冷挤压工艺是塑性成形工艺中模具受力状况恶劣的一种工艺，应采用剪切摩擦模型，对于存在分流面的情况还得要采用修正的剪切摩擦模型。点击" "进入图 2-48 所示的编辑界面，选择摩擦"类型"为"剪切"，"值"的大小选择为"定值"，输入数值为"0.12"。定义完成之后点击右下角的"OK"返回图 2-47 所示界面，完成第一个接触面的接触关系定义。第二个接触面的接触关系，当与第一个接触面的接触关系不同时，可以重复上述操作；当接触关系与第一个接触面的接触关系相同时，可以点击右上方的"应用到所有"按钮，第一个接触面的接触关系被复制到第二个接触面的接触关系。

　　当完成所有接触面之间的接触关系定义时，点击图 2-47 左下角的"全部产生"按钮，将定义的接触关系应用至所有接触面上。完成接触关系定义后点击"下一步"。

图 2-47　修改接触关系

图 2-48　定义接触

2.2.7　定义步数

　　完成接触关系定义后，在模型树上的步骤是"停止控制"，如图 2-49 所示，该步骤是用来控制整个镦粗过程的进程，如图 2-50 所示，软件可以通过工艺参数、模具距离、停止平面等多个方面来控制模拟试验的停止。如果不设置试验的停止条件，设置的上模具会沿着运动方向一直运动。在本章的模拟试验中，通过"步数"功能控制试验的进程，通过定义模拟试验中的步数与步增量，控制上模具运动距离，当步数达到预设值时，模拟试验完成。

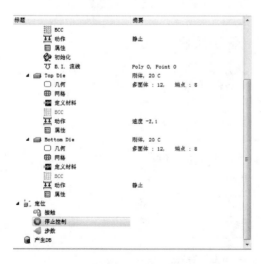

图 2-49　停止控制

图 2-50　停止条件设置

　　如图 2-51 所示，点击模型树的"步数"进入如图 2-52 的步数设置界面，点击左侧竖列第二个图标""对模拟步数进行设置。在定义过程中，将"计算步数"设置为"40"，"每隔多少步数储存"设置为"1"。"计算步数"是指整个模拟试验中总的计算量，"每隔多少步数储存"为模拟试验中保存的计算过程，设置为"1"就是将 40 个计算步数都保存下来，便于在"后处理"中查看镦粗过程中坯料的每一步变化情况，但会导致占用较大的存储空间，因此在设置时应根据模拟步数的具体情况进行设置。

图 2-51　步数

图 2-52　步数设置

　　设置完成后点击左侧竖列第三个图标""进入如图 2-53 所示的步数增量设置界面，将"求解步定义"设置为"模具位移"，"步数增量控制"设置为"常数"，大小为"0.08mm/step"。每步的长度是根据变形体单元长度的 1/3 左右来估算的。一般取值设置在最小单元长度的 1/3～1/10，比较容易收敛又不会浪费时间。总运动距离为步数乘以步长。"求解步定义"是选择控制试验停止的方式，"模具位移"是指通过上模具在每一个计算步数中的位移量来控制试验进程。"步数增量控制"是指上模具在每一个计算步数中的位移量。通过步数与步长的设置，当上模具到达第 40 步时，整个模拟试验停止。

图 2-53　步数增量设置

2.2.8　产生DB文件

完成步数设置后，点击模型树上的"产生DB"按钮，如图2-54所示。进入图2-55所示界面，在"类型"中选择"新的"，点击"浏览"可重新选择文件保存位置，保存路径不能出现中文或空格。

路径设置完成后，点击"检查数据"按钮对前处理设置进行检查，当左下侧讯息栏出现图2-56所示的"数据文件可以产生"则表明前处理设置可以提交求解器求解，若出现错误则对照讯息提示返回对应步骤修改。

检查数据完成后点击图2-55中的"产生DB文件"按钮，对应的模拟文件生成在保存目录下。完成该步骤，整个前处理步骤完成，点击"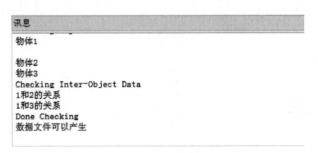"按钮返回DEFORM V12.0主窗口。

图2-54　产生DB

图2-55　定义输出路径

图2-56　产生DB提示

2.2.9　提交求解器求解基本步骤

返回DEFORM V12.0主窗口后，选择需要进行求解的DB文件提交求解器计算，求解器会根据设置好的DB文件自动求解。

按图2-57所示步骤，选择前处理完成后DB文件保存的位置，找到DB文件所在位置后选中相应文件，再点击"执行"按钮将DB文件提交求解器求解。提交成功后，主窗口显示"模拟已被送出"，点击"OK"确认。

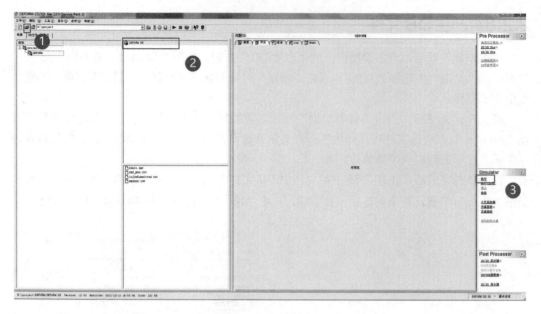

图 2-57　主窗口

　　提交完成，如图 2-58 所示，在左上角的文件名呈绿色"Running"，中间留言栏有每步数据显示。通过右侧"仿真图表"选项可观察镦粗试验的具体镦粗情况。当模拟试验完成后，求解器会自动停止，在留言栏下方显示"NORMAL STOP：The assigned steps have been completed."。

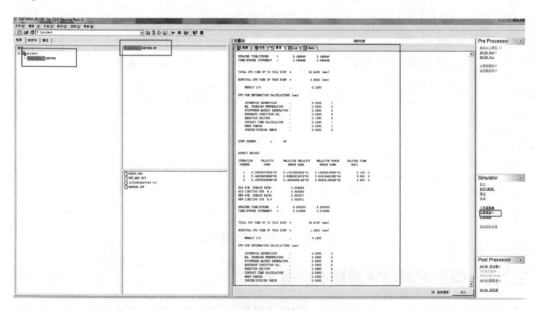

图 2-58　求解

2.3　镦粗模拟仿真试验后处理分析

　　点击 DEFORM V12.0 主窗口右下角"Post Processor"中的"2D/3D 后处理"按钮进入后

处理分析模块，后处理窗口如图 2-59 所示。通过图 2-59 可观察到后处理界面，主要包含：变量显示控制按钮；图形显示窗口；工序与步数选择窗口；图形显示控制窗口。

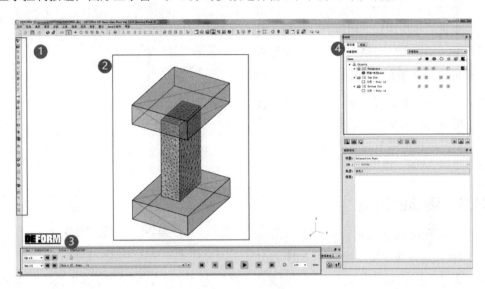

图 2-59　后处理窗口

2.3.1　查看变形过程

在图 2-60 所示的后处理窗口中点击"　▶　"按钮，可以查看连续镦粗变形过程。也可以在"Step"下拉框中选择连续变形过程中的某一步进行单独观察。

在变形过程中，由于模具设置为刚性体，在镦粗成形过程中只有上模具沿着轴线方向进行位移，模具不发生变化。因此，为了可以更加清晰地观察坯料的变化，可以取消勾选模具的显示，将模具隐藏，隐藏后的图形显示窗口如图 2-60 所示。勾选"　⊞　"下方方框，可以将坯料以网格的形式展示，取消勾选则以实体图形展示。

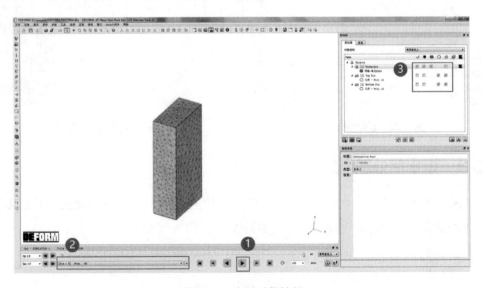

图 2-60　变形过程控制

2.3.2　查看状态变量

位于图 2-59 中方框①处的是一些经常使用的变量的快捷图标，如应力、应变、温度等功能。如果需要观察坯料更多的变形数据，点击第一个图标"σ T"后，后处理主窗口右下角如图 2-61 所示，点击"All"按钮显示所有的状态变量，选择需要的状态变量后点击"应用"即可查看所需数据。查看完成后点击"OK"退出。

2.3.3　查看曲线图

点击图 2-59 所示的后处理主窗口中的
"ılı"按钮进入曲线图设置界面，如图 2-62

图 2-61　查看状态变量

所示。选择"Top Die"为施力物体，定义"X 轴"为"时间"，定义"Y 轴"为"Z 荷重"，选择合适的单位后点击"绘图"，即可得到图 2-63 所示的时间-载荷曲线。由此图可以获知在成形过程中设备所需提供的最小施压力。用户可根据需求获取不同类型的曲线，完成后点击"OK"退出。

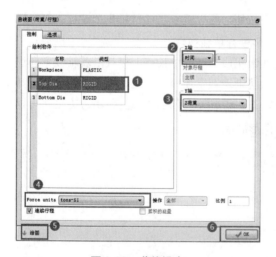

图 2-62　曲线设定

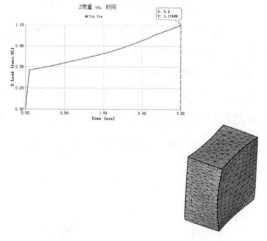

图 2-63　时间-载荷曲线

2.3.4　退出后处理窗口

在图 2-59 所示的后处理窗口中点击"□"按钮退出后处理。如果系统提示不能退出，则需要查看窗口右下角的"状态变量"窗口是否退出。

第 3 章

模锻成形仿真及分析

3.1　模锻成形特点及分类

模锻也称模型锻造，是在专用模锻设备上使用的锻造方法。它是在自由锻和胎模锻的基础上发展起来的一种锻造方法。

从模锻的主要成形方式看，模锻可分为开式模锻、闭式模锻和多向模锻等。开式模锻的模膛周围有飞边槽，成形后多余的金属流入槽内，最后将飞边切除；闭式模锻只在端部有很小的飞边，如果坯料精确，也可以不出飞边；多向模锻可以利用多向模锻液压机从几个方向分别或同时对多分型面模具内的坯料加压，生产复杂空心模锻件。

根据使用设备的不同，模锻分为锤上模锻、曲柄压力机模锻、平锻机模锻、摩擦压力机模锻等。

锤上模锻所用的设备为模锻锤，通常为空气模锻锤，对形状复杂的锻件，先在制坯模腔内初步成形，然后在锻模腔内锻造。

曲柄压力机模锻系统主要包括工作系统、传动系统、操纵系统、能源系统、支撑部分、辅助系统。其最大的优点是工作时震动小、噪声小，劳动条件好，操作安全，对厂房要求比锤上模锻低。

平锻机模锻，模锻锤的锤头、热模锻压力机的滑块都是上、下往复运动的，但它们的装模空间高度有限，因此，不能锻造很长的锻件。如果长锻件仅局部粗，而其较长的杆部不需变形，则可将棒料水平放置在平锻机上，以局部变形的方式锻出粗大部分。平锻机有两个工作部分，即主滑块和夹紧滑块。其中，主滑块做水平运动，而夹紧滑块的运动方向随平锻机种类而变。垂直分模平锻机的夹紧滑块做水平运动，水平分模平锻机的夹紧滑块做上、下运动。平锻工艺的实质就是用可分的凹模将坯料的一部分夹紧，而用冲头将坯料的另一部分镦粗、成形和冲孔，最后锻出锻件。

摩擦压力机（也叫螺旋压力机）是锻造行业中的主要设备之一。摩擦压力机具有结构简便、调整维护简便、便于模具设计、锻件精度高等特点，适用于各种精锻、精整、精压、压印、校整、校平等工序。

根据模锻工序的不同可分为制坯、预锻和终锻。所谓制坯，就是通过各种工艺方法将选定的原材料，制作成与锻件形状相近似的坯料的工艺过程；预锻是使毛坯变形，以获得终锻所需要的材料分布状态的工步；终锻的模膛是按锻件的尺寸、形状，并加上余量和偏差确定的。对于某些航空用关键锻件，虽然批量不大，但是由于流线和性能以及工艺一致性等的要求，通常也采用模锻。

3.2　车用对接轴仿真试验及结果分析

通过锻造工艺设计的零件——车用对接轴，是车辆变速器中常见的零件之一。本章将对此零件采用闭式模锻进行仿真模拟试验。根据车用对接轴工作条件的差异和使用要求的不同，锻造变速器对接轴选用的材料和热处理规范也不尽相同，以此来生产特定强度、不同韧性、不同耐磨性的零件。

本次设计中对接轴零件所用的材料为 42CrMo。它属于超高强度钢，通常用于轴类零件和塑料模具的生产，42CrMo 价格便宜，热处理通过调质后可得到较好的切削加工性等综合性能，表面硬度经过淬火后能达到 50HRC。

变速器对接轴属于高转速大载荷驱动装置的重要车用零件，它的强度会直接影响机器设备的安全运行。所以要用锻造的方法进行生产，使获得的对接轴内部有连续的纤维组织，以此来保证使用所需的强度。变速器对接轴的结构比较简单，是一个回转体类零件，也是一个关于中心轴线对称的阶梯轴，带有尺寸相差不大的法兰台阶，使用时齿轮或者轴承靠近端部安装。

上、下模具及模型设置如图 3-1 所示。通过上模向下运动使得坯料挤压变形。

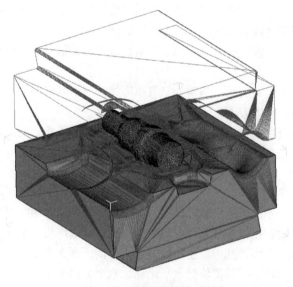

图 3-1　模具及分析模型设置

3.2.1　创建新项目

双击打开 DEFORM V12.0 软件，进入软件的主窗口，如图 3-2 所示。点击菜单栏新建问题，在弹出的"问题设定"界面，选择"2D/3D Pre"模块，单位选择"公制"，如图 3-3 所示，点击"Next"按钮进行下一步，在弹出的"问题设定"窗口中选择"在当前选定目录下"选项，点击"Next"按钮进行下一步，将"问题名称"改为"Transmission docking shaft"，点击

"Finish"按钮。

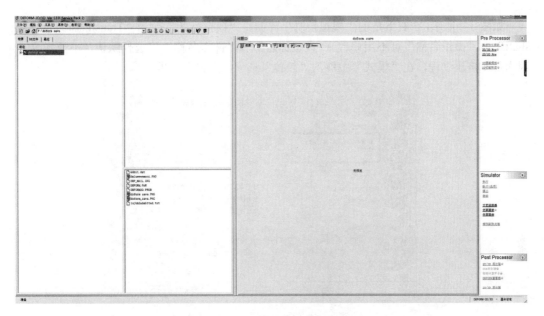

图 3-2　DEFORM V12.0 主窗口

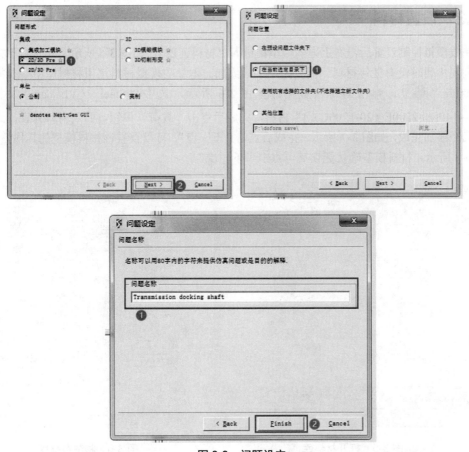

图 3-3　问题设定

3.2.2　设置模拟控制

如图 3-4 所示,在右下角的"模拟控制"界面将"模拟标题"改为"Transmission docking shaft","操作名称"可不用修改("模拟标题"和"操作名称"可选择默认,不予修改),因为是冷挤压过程,在"模式"中取消"热传"选项,点击下一步。

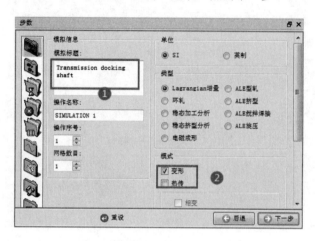

图 3-4　模拟控制

3.2.3　设置材料

完成模拟控制设置后,右上方的模型树进入"材料列表",如图 3-5 所示。此时右下方的材料列表中暂时没有任何材料,需要用户手动添加。本章的模拟材料选用材料库中存在的材料,点击"　　",弹出的材料数据库如图 3-6 所示,选中"Steel_(YE data)"中的"AISI-4140[70-2200F(20-1200C)]"材料,完成后点击"载荷"按钮,回到材料列表,此时材料已经添加完成,如图 3-7 所示。完成后点击"下一步",可以查看该材料模型的具体信息,如图 3-8 所示。材料模型确认无误后可点击"下一步"。

图 3-5　打开材料库

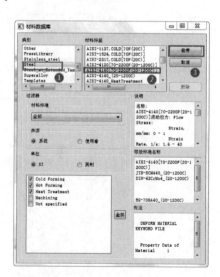

图 3-6　材料数据库

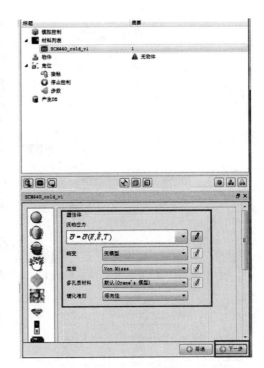

图 3-7 材料添加   图 3-8 材料属性

3.2.4 加载坯料及上下模

完成材料的加载后进入模型的设置，模型树跳转到物件模块，此时模型树提示处于无物体状态，需要用户添加三维模型。观察图 3-1，在模锻过程中存在上模、坯料、下模三个结构，于是点击图 3-9 中左上角的""三次，添加完成后物体窗口及模型树如图 3-10 及图 3-11 所示。完成后点击右下角的"下一步"进入对 Workpiece 的操作。

再对坯料的几何、网格及材料进行定义。首先对坯料进行定义，如图 3-12 所示，定义 Workpiece 的名称与温度，由于在常温下，温度设置为"20℃"，物件类型为"塑性体"，完成后点击"下一步"，进入几何导入操作。

要将坯料的三维模型从数据库中加载入前处理，需点击图 3-13 中的""从软件外部加载零件，选中"T"文件，点击"打开"按钮，弹出窗口点击"Yes"，坯料文件加载完成，加载完成后在窗口上显示出一块圆柱形坯料，如图 3-14 所示。

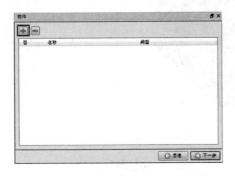

图 3-9 添加物体   图 3-10 物体类型

图 3-11　物件模型树

图 3-12　定义物体

图 3-13　导入几何

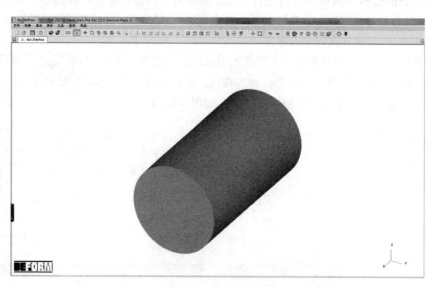

图 3-14　坯料预览

完成坯料加载后，点击右下方的"下一步"，开始对坯料进行网格划分。网格的大小与数量影响着求解的效率与精确度，用户可根据需求选择网格的类型、大小与数量。本章中根据模型最小尺寸，采用绝对网格划分，用绝对网格划分的目的在于增加模拟的正确性，这是因为网格尺寸设定后自始至终不变，随着物体形状越来越复杂，单元数的增加可以更好地描述物体的表面。使用绝对网格划分方式，为了决定网格划分的最小尺寸，需测量模具的最小特征尺寸，这个最小特征必须满足的条件是成形过程中它的形状会反映在工件上。最小特征的选取是指整个模拟过程的最小特征。共设置 63814 个小网格，为四面体单元。网格模型树见图 3-15。其他参数设置如图 3-16 所示。完成设置后，点击图 3-16 左下角的"产生网格"，弹出如图 3-17 所示对话框，点击"Yes"。完成网格划分后的模型如图 3-18 所示。至此，已经完成了坯料的网格划分，点击"下一步"进入模型材料定义。

图 3-15 网格模型树

图 3-16 定义网格

图 3-17 预设 BBC

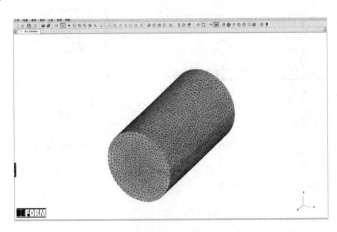

图 3-18 网格预览

由于在 3.2.3 节中已经将所使用的材料模型加载至该项目中，当进行坯料材料的定义时，点击所需要的材料即可完成材料定义。如图 3-19 所示，点击"AISI-4140[70-2200F（20-1200C）]"材料，图 3-20 的模型树中已将该材料特性赋予坯料。至此，Workpiece 中已经满足模拟最基本的要求，没有红色标记部分，Workpiece 被定义好了。

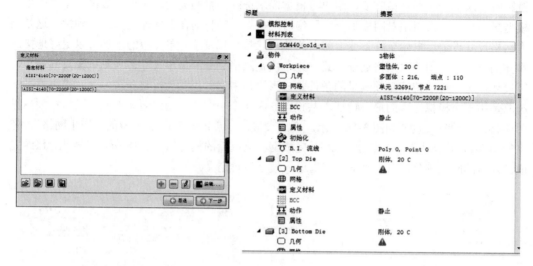

图 3-19　选择材料　　　　　　　　　　图 3-20　定义材料

　　如图 3-21 所示，Workpiece 定义完成后可跳过 BCC、动作、属性等设置，直接点击模型树中的"Top Die"，开始对上模具进行设置。如图 3-22 所示，上模具的物件温度在常温下设置为"20℃"，物件类型选择为"刚体"，设置完成后点击"下一步"。

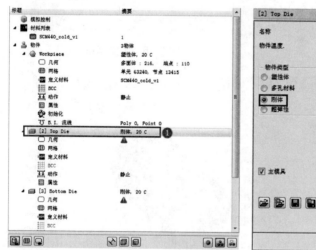

图 3-21　Top Die

图 3-22　定义上模

　　如图 3-23、图 3-24 所示，加载几何需点击图 3-25 中的"  "从软件外部加载零件，选中"X"文件，点击"打开"按钮，弹出窗口点击"Yes"，上模具文件加载完成，加载完成后在窗口上显示出模锻的上模具，如图 3-26 所示。

图 3-23　定义几何（一）

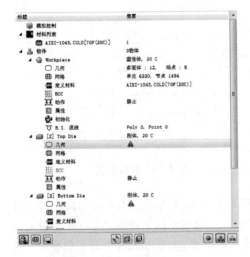

图 3-24　定义几何（二）

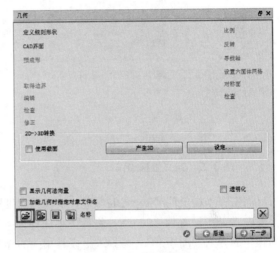

图 3-25　材料库

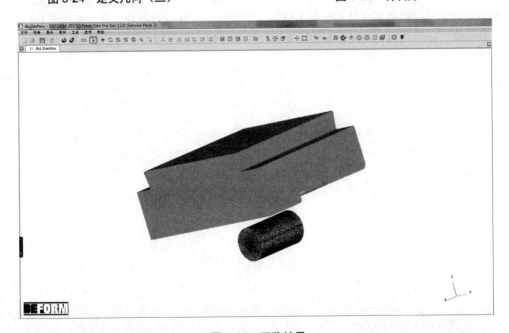

图 3-26　预览结果

在模锻过程中坯料的塑性变形依靠上模具的作用力，于是需要对上模具的运动过程进行定义。如图 3-27 所示，此时上模具的状态显示为静止，需要通过设置参数使其运动。点击"动作"后，右下方如图 3-28 所示，选择动作为"平移"中的"速度"，方向为"−Z"，常数值为"1"，完成定义后模型树上的上模具状态从静止变为了"速度−Z，1"，如图 3-28 所示。至此上模具设置已完成。

图 3-27 定义上模动作

图 3-28 参数设置

点击模型树上的"Top Die"进行下模具的设置，如图 3-29 所示。"Bottom Die"的物件温度在常温下设置为"20℃"，物件类型选择为"刚体"，设置完成后点击"下一步"进入几何模型的导入（图 3-30）。与导入上模具相同的操作，点击"📂"从软件外部加载零件，选中"X"文件，点击"打开"按钮，弹出窗口点击"Yes"，下模具文件加载完成，加载完成后在窗口上显示出模锻的下模具，如图 3-31 所示。至此，在模锻过程中所需要的模具与坯料全部加载完成，在模型树中的物件模块没有红色的警告提示。

图 3-29 Bottom Die

图 3-30 导入几何体

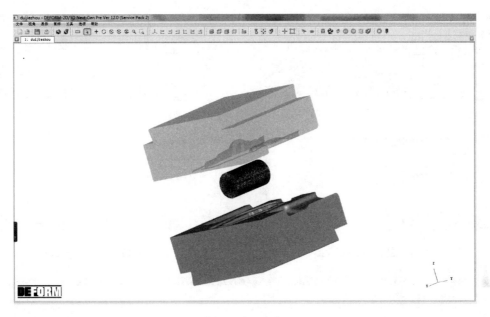

图 3-31 预览

3.2.5 定义位置关系

完成坯料与模具的加载后，根据实际加工过程中模具与坯料的位置关系，对窗口中的物体进行位置关系定义。在模锻过程中，坯料置于模具之间，由上模具沿竖直方向向下进行挤压。

点击图 3-32 模型树中的"定位"，然后点击图 3-33 中的"定位物件"，进入物件定位窗口。如图 3-34 所示，物件定位选择"干涉"方法，整个过程分为两步操作。第一步：定位物件为"Workpiece"，接近方向为"-Z"，参考为"Bottom Die"，点击"应用"；第二步：定位物件为"Top Die"，接近方向为"-Z"，参考为"Workpiece"，点击"应用"，如图 3-35 所示。完成这两步操作后，上下模具与坯料的位置已移动到开始模锻前一刻，如图 3-36 所示，点击"OK"，完成模具与坯料的物件定位设置。然后点击"下一步"进入"接触"设置。

图 3-32 定位

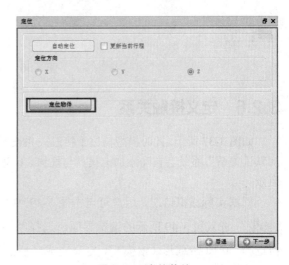

图 3-33 定位物体

图 3-34　定位 Workpiece

图 3-35　定位 Top Die

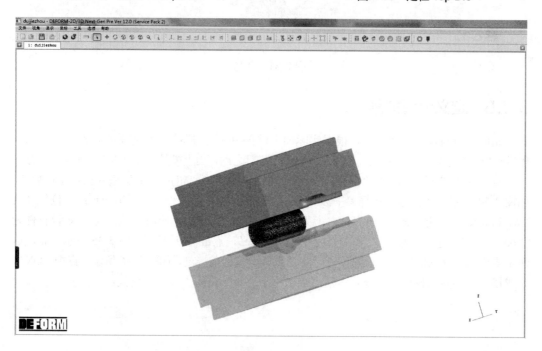

图 3-36　预览

3.2.6　定义接触关系

如图 3-37 所示，此时模型树位于接触关系设置，操作界面如图 3-38 所示。点击右上角"添加默认关系"，系统会自动添加上模具与坯料、下模具与坯料接触面之间的接触关系，如图 3-39所示。

根据实际模拟情况，用户可点击图 3-39 中" 🖉 "对接触关系进行自定义设置。点击" 🖉 "进入图 3-40 所示的编辑界面，选择摩擦"类型"为"剪切"，"值"的大小通过下拉选择"0.12-冷成形（钢模）"。定义完成之后点击右下角的"OK"返回图 3-39 所示界面，完成第一个接触面的接触关系定义。第二个接触面的接触关系，当与第一个接触面的接触关系不同时，可以重复上述操作；当接触关系与第一个接触面的接触关系相同时，可以点击右上方的"应用到所有"按钮，第一个接触面的接触关系被复制到第二个接触面的接触关系。

当完成所有接触面之间的接触关系定义时，点击图3-39左下角的"全部产生"按钮，将定义的接触关系应用至所有接触面上。完成定义接触关系后点击"下一步"进入下一步设置。

图 3-37 接触定义

图 3-38 添加接触

图 3-39 修改接触类型

图 3-40 定义接触

3.2.7 定义步数

接下来对模具的运动进行控制，进入"停止控制"界面，如图3-41所示。软件可以通过工艺参数、模具距离、停止平面等多个方面来控制模拟试验的停止，如图3-42所示。如果不设置试验的停止条件，设置的上模具会沿着运动方向一直运动。在本章的模拟试验中，通过"步数"功能控制试验的进程，通过定义模拟试验中的步数与步增量，控制上模运动距离，当步数达到预设值时，模拟试验完成。点击下一步进入步数设置。

图 3-41　停止控制

图 3-42　停止条件设置

在如图 3-43 的步数设置界面，点击左侧竖列第二个图标""对模拟步数进行设置。在定义过程中，将"计算步数"设置为"100"，"每隔多少步数储存"设置为"10"。"计算步数"是指整个模拟试验中总的计算量，"每隔多少步数储存"为模拟试验中保存的计算过程，设置为"10"就是将 100 个计算步数每隔 10 步便保存一次，不会占处理器太大的储存空间，因此在设置时应根据模拟步数的具体情况进行设置。设置完成后点击左侧竖列第三个图标""进入如图 3-44 的步数增量设置界面，将"求解步定义"设置为"模具位移"，"步数增量控制"设置为"常数"，大小为"0.67mm/step"。"求解步定义"是选择控制试验停止的方式，"模具位移"是指通过上模具在每一个计算步数中的位移量来控制试验进程。"步数增量控制"是指上模具在每一个计算步数中的位移量。通过步数与步长的设置，当上模具到达第 100 步时，整个模拟试验结束。

图 3-43　步数设置

图 3-44　步数增量设置

3.2.8　产生 DB 文件

完成步数设置后，点击模型树上的"产生 DB"按钮，如图 3-45 所示。进入图 3-46 所示界面，在"类型"中选择"新的"，点击"浏览"可重新选择文件保存位置，保存路径不能出现中文或空格。

路径设置完成后，点击"检查数据"按钮对前处理设置进行检查，当左下侧讯息栏出现图 3-47 所示的"数据文件可以产生"则表明前处理设置可以提交求解器求解，若出现错误则对照讯息提示返回对应步骤修改。

检查数据完成后点击图 3-46 中的"产生 DB 文件"按钮，对应的模拟文件生成在保存目录下。完成该步骤，整个前处理步骤完成，点击"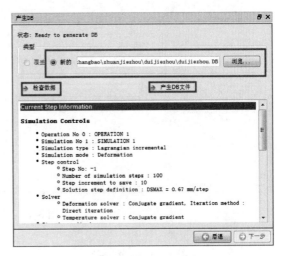"按钮返回 DEFORM V12.0 主窗口。

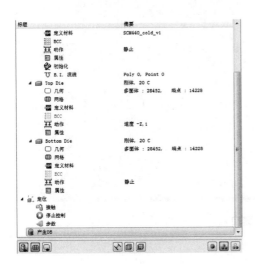

图 3-45　产生 DB

图 3-46　定义输出路径

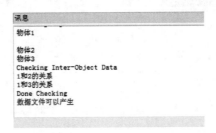

图 3-47　产生 DB 提示

3.2.9　提交求解器求解基本步骤

返回 DEFORM V12.0 主窗口后，选择需要进行求解的 DB 文件提交求解器，求解器会根据设置好的 DB 文件自动求解。

在图 3-48 中选择前处理完成后 DB 文件保存的位置，找到 DB 文件所在位置后，选中文件，再点击 "执行"按钮将 DB 文件提交求解器求解。提交成功后，主窗口显示"模拟已被送出"，点击"OK"确认。

提交完成后，如图 3-49 所示，在左上角的文件名呈绿色"Running"，中间留言栏有每步数据显示。通过右侧"仿真图表"选项可观察模锻试验的具体模锻情况。当模拟试验完成后，求解器会自动停止，在留言栏下方显示"NORMAL STOP：The assigned steps have been completed."。

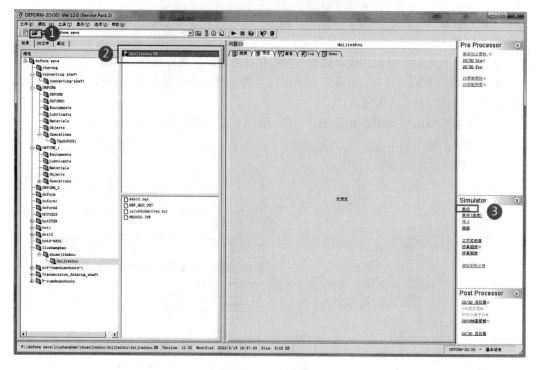

图 3-48　主窗口

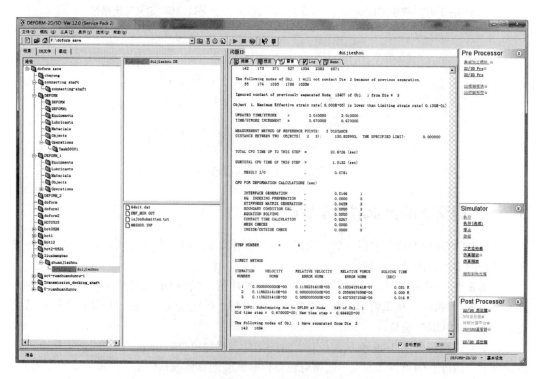

图 3-49　计算求解

3.3 模锻成形有限元模拟试验后处理分析

点击 DEFORM V12.0 主窗口右下角"Post Processor"中的"2D/3D 后处理"按钮进入后处理分析模块，如图 3-50 所示。

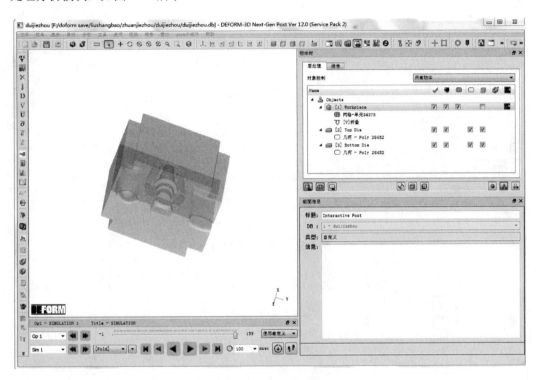

图 3-50 后处理窗口

3.3.1 查看变形过程

在图 3-51 所示的后处理窗口中点击" ▶ "按钮，可以查看模锻成形过程。也可以在"Step"下拉框中选择连续变形过程中的某一步进行单独观察。

在变形过程中，由于模具设置为刚性体，在模锻成形过程中只有上模具沿着轴线方向进行位移，模具不发生变化。因此，为了可以更加清晰地观察坯料的变化，可以取消勾选模具的显示，将模具隐藏，隐藏后的图形显示窗口如图 3-51 所示。勾选" ⊞ "下方方框，可以将坯料以网格的形式展示，取消勾选则以实体图形展示。

3.3.2 查看状态变量

点击位于图 3-52 方框处的第一个图标" σε "，后处理主窗口右下角如图 3-53 所示，点击"All"按钮显示所有的状态变量，选择需要的状态变量后点击"应用"即可查看所需数据。查看完成后点击"OK"退出。

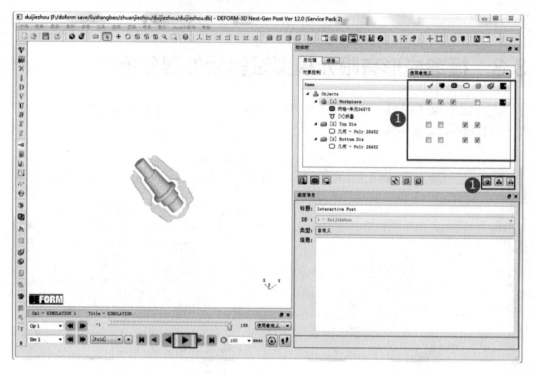

图 3-51　变形过程控制

图 3-52　后处理窗口

图 3-53　查看状态量

3.3.3　查看曲线图

点击图 3-54 所示后处理主窗口处 "■■" 按钮进入曲线图设置界面，如图 3-55 所示，选择 "Top Die" 为施力物体，定义 "X 轴" 为 "行程"，定义 "Y 轴" 为 "Z 荷重"，选择合适的单位后点击 "绘图"，即可得到图 3-56 所示曲线图。完成后点击 "OK" 退出。

由载荷曲线可以看出，随着上模的下压，载荷急剧上升；第二个时间段，金属变形比较稳定，载荷值逐渐减小。载荷最大值约为 915t，由于是模拟的全部不是对称型，所以以最大受力来看结果冲头的最大载荷为 2180t。

图 3-54　后处理窗口

图 3-55　曲线设定

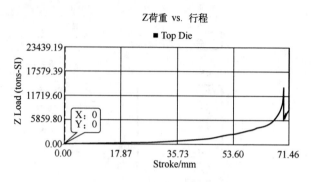

图 3-56　行程-载荷曲线

其成形过程有三个阶段。下面逐一进行分析。

第一阶段　上模开始接触坯料进行拔长挤压，随着冲头的下压，坯料不断变长，载荷值呈指数上升。

第二阶段　挤压变形时，主要包括两方面：一方面上模继续下压，坯料继续变形，直到与模套壁紧密接触；另一方面，进行挤压的同时，会有部分坯料开始从模口向外流出。

第三阶段　坯料进入终挤压成形稳定变形阶段。上模不断下压，载荷值持续下降，这个阶段主要有克服坯料与出口部分的摩擦力、克服非变形区与模壁之间的摩擦力以及克服金属变形抗力这三种载荷。

3.3.4　退出后处理窗口

在图 3-57 所示的后处理窗口中点击 "　　" 按钮退出后处理。如果系统提示不能退出，则需要查看窗口右下角的 "状态变量" 窗口是否退出。

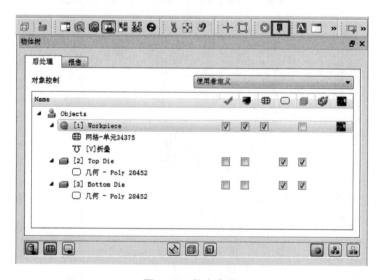

图 3-57　状态变量

第4章

冲压成形仿真及分析

4.1 冲压成形特点及分类

冲压工艺是金属材料受力后发生塑性变形的一种先进金属成形工艺，利用模具和冲压设备对板材进行加工，从而获得所需零件的尺寸和形状。

与铸造、锻造工艺比较，经过冲压得到的零件具有轻薄、厚度均匀、塑性韧性高的特点。通过对零件进一步加工，可以使零件拥有卷边、宽凸缘、肋条、压花或翻边，从而获得复杂程度较高的零件形状，这是其他工艺所不具备的。因使用高精度的模具，零件的精确度可达微米级，且批量生产的零件规格基本一致，可冲出孔窝、凸台等。常温或室温下冲压件成形后的零件一般不再需要进行切削或大范围整形，或仅需要小范围的修边。相较于冷冲裁件，热冲裁件的精确度和外观状况要差，但是成形质量要比传统工艺成形（如热锻）得到的质量要好。冲压用的钢坯主要为热轧和冷轧带钢。世界上 60%～70%的钢材都是板材，大部分都是冲压成形。冲压工艺可以运用至汽车的车盖、车门、电池壳、散热器片钣、锅炉锅盖、电机、电器的铁芯硅钢片等。电子仪表、生活电器、自行车、办公机械、生活用具等产品中，也存在大量冲压件。由于冲压工艺可以降低零件的加工成本、提高现实生产效率、减少材料的浪费、保证产品尺寸和形状的精度，机器操作简单，易于实现全面机械化、自动化生产的流线工程等，因此可进行大批量的机械化生产。这样的制造方法在制造业中具有很强的竞争力，被广泛应用于汽车制造、能源开发、军工生产、航空航天以及日常生活用品的生产中。因此，冲压是现代工业中无法比拟、不可替代的先进制造工艺。车用螺纹连接板是一种用于连接汽车部件的连接件。它的主要功能是通过连接车身底盘、车身骨架以及其他汽车组件，确保整个车辆的结构稳定性和可靠性。通过这种方式，车用螺纹连接板能够传递力量、保证结构强度、提高车辆的耐久性、改善车辆的操控性以及提高汽车的安全性。

在传递力量方面，车用螺纹连接板能够将不同部件之间的力量传递和分散，使得车辆结构能够承受各种力量和载荷，确保整车的运行稳定性和安全性。在保证结构强度方面，车用螺纹连接板连接的部件之间，能够形成一个稳定的结构体系，以提高整个车身结构的强度和刚度，从而避免车辆发生变形和损坏。同时，车用螺纹连接板能够在长期的使用中保持连接件的稳定性和可靠性，从而提高整个车辆的耐久性。

此外，车用螺纹连接板还能够在车辆行驶中改善车辆的操控性和稳定性，使得驾驶者能够更加安全和舒适地操纵车辆。最重要的是，车用螺纹连接板能够确保整个车辆的结构稳定和强度足够，从而提高车辆的安全性，防止在意外情况下发生车辆失控或车身破损等情况。综上所述，车用螺纹连接板在汽车制造中具有重要的作用。

4.2　车用螺纹连接板冲压仿真试验

本章主要通过车用螺纹连接板的成形过程，让读者掌握冲压的设置和成形分析。零件材料选用 08 钢板，这种材料强度低，硬度、塑性、韧性好，有较低的屈服强度和较高的抗拉强度，常用作深冲压、深拉延的容器，如搪瓷制品、仪表盘、汽车驾驶室盖板等。材料的化学成分如表 4-1 所示，材料的主要力学性能如表 4-2 所示。

为达到零件所需形状和尺寸，其总体工艺路线为：预切工艺—切口—拉深—冲孔—外形修边—翻边—车削螺纹。其中多道次的中厚板拉深成形是该零件成形难点，也是后续成形工艺成功的关键，因此本章将着重对该车用螺纹连接板的拉深工艺进行研究。此零件的成形工艺分析，需要很多工序拉深，本章需要掌握的内容只讲解其中 1 个拉深工序。

表 4-1　08 钢的主要化学成分

元素	C	Si	Mn	Cr	Ni	Cu
质量分数/%	0.05～0.11	0.17～0.37	0.35～0.65	≤0.10	≤0.30	≤0.25

表 4-2　08 钢的主要力学参数

参数	数值
毛坯厚度/mm	2
抗拉强度/MPa	≥296
断面收缩率/%	≥60
屈服强度/MPa	≥175

4.2.1　创建一个新的问题

进入软件后，点击菜单栏新建问题，在弹出的"问题设定"界面，选择"2D/3D Pre"模块，单位选择"公制"，如图 4-1 所示，点击"Next"按钮进行下一步。在弹出的"问题设定"窗口中选择"在当前选定目录下"选项，如图 4-2 所示，点击"Next"按钮进行下一步，将"问题名称"改为"Cheyong"，如图 4-3 所示，点击"Finish"按钮。

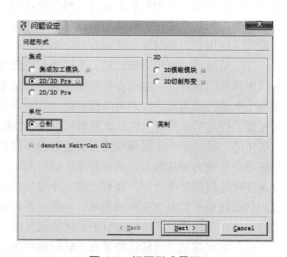

图 4-1　问题形式界面

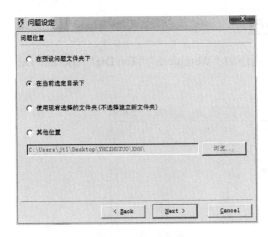

图 4-2　问题位置界面

图 4-3　问题名称界面

进入前处理界面后，在弹出的"新问题"界面，将"尺寸"选择为"3D"，"单位系统"选择为"SI 单位"，点击"OK"按钮，如图 4-4 所示。

4.2.2　设置模拟名称及模式

在右下角的"模拟控制"界面将"模拟标题"改为"Cheyong"，"操作名称"默认，在"模式"中取消"热传"选项，如图 4-5 所示，点击下一步，在弹出的"材料列表"界面继续点击下一步。

图 4-4　新问题设置界面

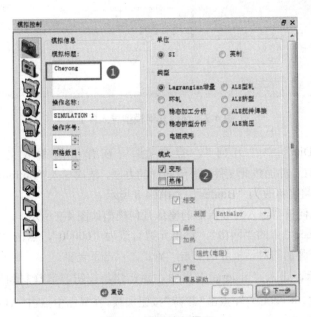

图 4-5　模拟控制界面

4.2.3 定义毛坯材料及模具几何模型

进入"物件"界面，点击四次 ![plus] 按钮，分别添加"Workpiece""Top Die""Bottom Die" "Object 4"，如图 4-6 所示，点击下一步。

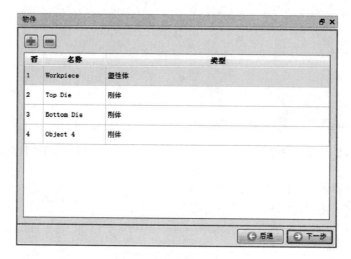

图 4-6　添加物件界面

点击"Workpiece"中的"几何"，点击 ![icon]，如图 4-7，在弹出的读取文件对话框中找到 "Cheyong-blank.STL"并加载此文件。

图 4-7　坯料几何模型导入界面

点击"Top Die"中"几何"，点击 ![icon]，在弹出的读取文件对话框中找到 "Cheyong-punch.STL"并加载此文件。采用同样的办法，依次导入"Bottom Die"的几何模型。点击"object4"，将名称改为"Binder"，如图 4-8 所示。

将 Binder 的几何模型导入。导入后的整体几何模型如图 4-9 所示。

点击"Workpiece"中的"网格"，将单元数目改为"60000"，点击"产生网格"按钮，如图 4-10 所示，在弹出的对话框界面点击"Yes"，点击下一步。

如图 4-11 所示，进入"material"界面，点击 ![icon] 按钮，选择材料库中"Steel"中的 "AISI-1008，COLD[70F（20C）]"，点击"载荷"按钮加载。在界面中点击"AISI-1008，COLD[70F （20C）]"，点击下一步。

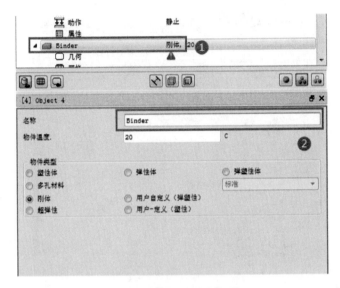

图 4-8　更改压边圈名称

图 4-9　整体几何模型

图 4-10　坯料网格划分

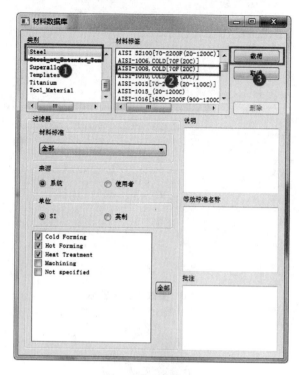

图 4-11　加载材料

4.2.4　定义上模及运动设置

点击"Top Die",再点击"动作",对上模的运动情况进行设置,定义在−Z 轴上的速度为 50mm/sec,如图 4-12 所示。

图 4-12　上模运动设置

4.2.5　定义压边圈

点击 "Binder"，再点击 "动作"，在弹出的界面中选择 "力"，将 "常数值" 改为 2150N，如图 4-13 所示。

图 4-13　压边圈参数设置

4.2.6　调整工件位置

接下来需要对毛坯和模具进行定位，点击 "定位"，在出现的界面中点击 "定位物件"，在 "物件定位" 中选择 "干涉"，将 "定位物件" 改为 "1- Workpiece"，将 "参考" 改为 "3- Bottom Die"，接近方向为-Z，干涉值保持默认值 0.0001，点击 "应用"，如图 4-14 所示，点击 "OK"，坯料将从上往下靠拢下模。

图 4-14　Workpiece 定位设置

将"定位物件"改为"Binder",将"参考"改为"1- Workpiece",接近方向为-Z,干涉值保持默认值 0.0001,点击"应用",如图 4-15 所示,点击"OK",上模将从上往下靠拢坯料。

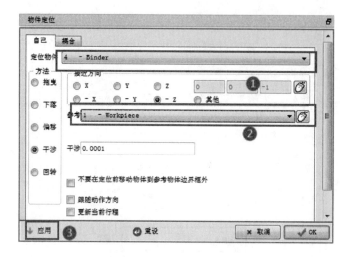

图 4-15　Binder 定位设置

将"定位物件"改为"2- Top Die",将"参考"改为"1- Workpiece",接近方向为-Z,干涉值保持默认值 0.0001,点击"应用",如图 4-16 所示,点击"OK",上模将从上往下靠拢坯料,设置完后的毛坯和模具形状如图 4-17 所示。

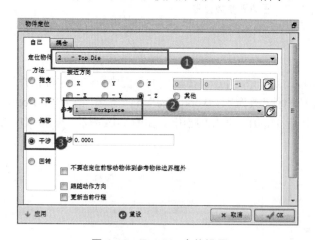
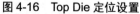

图 4-16　Top Die 定位设置

图 4-17　设置完后的毛坯和模具

4.2.7　设置接触关系

点击下一步,来到"接触"界面,点击"添加默认关系",在界面生成了两个接触关系,勾选两个关系,点击后面"Top- Die -(1)Workpiece"的 ✐ 按钮,弹出定义对话框,定值中输入值 0.08,如图 4-18 所示,将"冷成形(硬质合金模具)"删除,点击"应用到所有"按钮,再点击"全部产生"按钮,如图 4-19 所示。

图 4-18 摩擦系数设置（一）

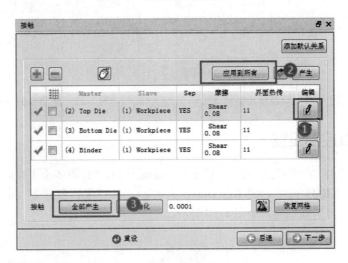

图 4-19 摩擦系数设置（二）

4.2.8 设置停止条件

点击"停止控制"，在弹出的界面中点击"模具距离"，将参考 1 物件改为"2-Top Die"，点击 🔲 按钮，如图 4-20 所示，将 Workpiece 中的 ▣ 取消勾选，让坯料暂时不显示，然后点击上模的底面选取相关坐标，选择完成过后点击 ☑ 按钮。使用相同的办法，将参考 2 中物件改为"3-Bootom Die"，点击下模的上表面选取相关坐标，选择完成过后点击 ☑ 按钮，将方法改为"Z 轴上的距离"，将"距离"设为 2mm，如图 4-21 所示。设置完示意图如图 4-22 所示。

图 4-20　零件显示示意

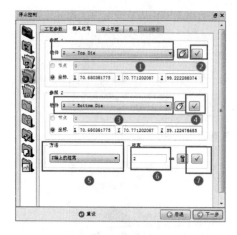

图 4-21　模具停止条件

图 4-22　距离参数示意

4.2.9　模拟控制设置

点击"定位"中的"步数"，将"计算步数"设置为 74，"每隔多少步数储存"改为"10"，模具信息中"主要模具"改为"2-Top Die"，点击 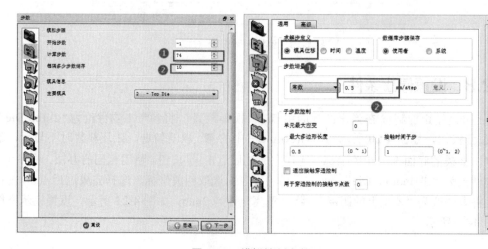，将"求解步定义"改为"模具位移"，"步数增量控制"改为 0.5mm，如图 4-23 所示。

图 4-23　模拟控制参数

点击"求解器设置",将求解器改为 Sparse 求解器下的"SPOOLES"求解器,如图 4-24 所示。

图 4-24 求解器设置

4.2.10 检查生成数据库文件

点击"标题"中的"产生 DB"选项,继续点击"检查数据",继续点击"产生 DB 文件",下方的信息框出现"数据文件已产生",如图 4-25 所示。

图 4-25 产生 DB 文件

4.2.11　模拟和后处理分析

点击菜单栏中的 ▮ 按钮,退出前处理界面,进入主窗口,在主窗口中,找到文件储存的位置（一般为默认）,选中其中的 DB 文件,点击右侧"Simulator"中的"执行"。

模拟完成后,选择 2D-3D 后处理选项。此时默认选中物体"Workpiece",单击 ● 按钮将只显示"Workpiece"一个图形。在"step"窗口选择最后一步（74）,坯料形状如图 4-26 所示。

图 4-26　冲压完成试样形状

点击"$\frac{\mathbf{q}_\varepsilon}{\Upsilon}$"进入状态变量设置界面。在变量对话框选择"变形"—"应变"—"等效"后单击"应用",如图 4-27 所示。

图 4-27　零件等效应变图

在变量对话框选择"变形"—"应力"—"等效"后单击"应用",如图 4-28 所示。

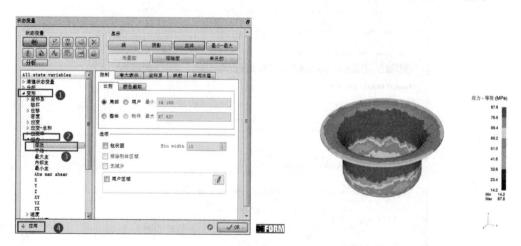

图 4-28　零件等效应力图

点击左侧 ε 按钮,冲压后零件的等效应变如图 4-29 所示,此时最大等效应变值为 1.85。

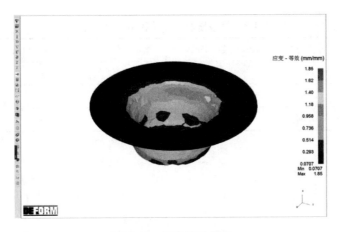

图 4-29　零件等效应变

点击 ![按钮] 按钮，在绘制物件中选中"Workpiece"和"Top Die"，将 X 轴改成"步数"，将 Force units 改成"N"，点击"绘图"，成形载荷如图 4-30 所示。

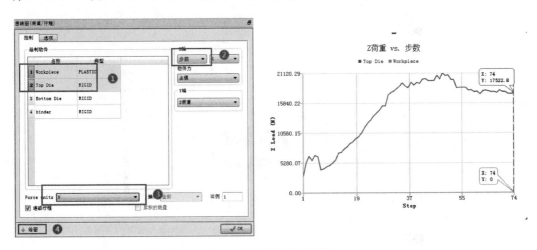

图 4-30　零件成形载荷

4.3　单因素试验方案优化

为设计正交试验方案，首先需要进行优化参数的选择。为有效避免初始两个成形方案中缺陷的生成，针对该车用螺纹连接板的成形选择了两个影响零件成形的主要参数：压边力、摩擦系数。这两种参数数值的大小将直接影响该车用螺纹连接板的成形质量。在冲压成形过程中，压边力的值需要合理。如果压边力过大，矩形件凸缘部位容易发生起皱现象，反之就有部分区域拉裂的风险。摩擦系数过大，板料的极限拉深比减小，材料在凸模与凹模之间的变形阻力大，在拉深较高圆筒件时，坯料易发生破裂，难以拉深成形；摩擦系数过小，尤其是凸模圆角处材料易发生滑动而变薄，导致拉裂。因此应对压边力、摩擦系数这两个重要工艺参数的数值进行合理取值。

将冲压速度与摩擦系数分别设置为 50mm/s 和 0.08，压边力分别设置为 1400N、1800N、2200N，试验结果如表 4-3 和图 4-31 所示。

表 4-3　修改压边力试验因素记录及结果

试验序号	压边力/N	冲压速度/（mm/s）	摩擦系数	最大主应力/MPa	最大成形载荷/N
1	1400	50	0.08	131	24044.88
2	1800	50	0.08	131	23687.5
3	2200	50	0.08	136	23394.2

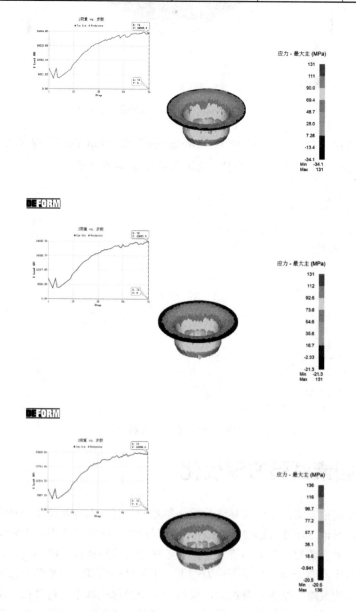

图 4-31　冲压速度 50mm/s、摩擦系数 0.08，压边力分别为 1400N、1800N、2200N 的仿真试验结果

　　将冲压速度与压边力分别设置为 50mm/s 和 1400N，摩擦系数分别设置为 0.08、0.1、0.12，仿真试验结果如表 4-4 和图 4-32 所示。

表4-4 修改摩擦系数试验因素记录及结果

试验序号	压边力/N	冲压速度/（mm/s）	摩擦系数	最大主应力/MPa	最大成形载荷/N
1	1400	50	0.08	131	24044.88
2	1400	50	0.1	132	24669.59
3	1400	50	0.12	136	25297.87

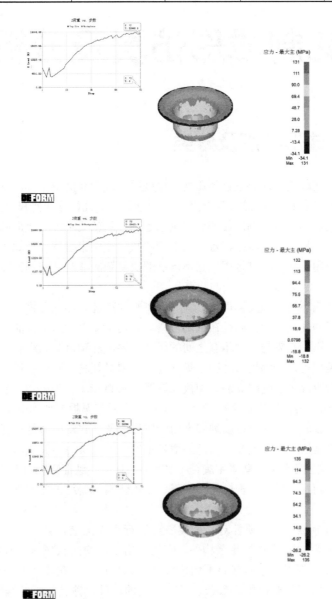

图4-32 冲压速度设为50mm/s、压边力为1400N，摩擦系数分别为0.08、0.1、0.12的仿真试验结果

　　根据以上试验数据分析可得：摩擦系数对最大成形载荷的影响大于压边力，在一定范围内调整压边力和摩擦系数能有效提高成形质量，在后续的优化中可以着重优化压边力和摩擦系数。

第 5 章

轧制成形仿真及分析

5.1 轧制成形特点及分类

轧制是通过旋转轧辊对坯料进行加压使其厚度减薄或者界面形状发生变化的加工方法，其过程是多物理场耦合的非线性过程，它涉及材料非线性、几何非线性和边界条件非线性等。现代社会对高精度、高质量轧制产品的要求越来越高，这就要求能够更准确和更高效地控制轧制过程。轧制变形机理非常复杂，难以用准确的数学模型来描述。因此，有限元数值模拟法被越来越多地应用于仿真轧制过程，它不但能解决复杂的非线性问题，而且克服了传统的物理模拟和试验研究成本高且效率低的缺点。

根据轧制时金属坯料的温度，可将轧制分为热轧与冷轧。热轧是将金属材料加热到再结晶温度以上所进行的轧制；冷轧则是在金属材料再结晶温度以下所进行的轧制。根据轧辊的形状、轴线配置，不同轧辊与轧件相互之间的运动关系，轧制可分为纵轧、横轧和斜轧三种方式。按照产品类型可以分为板带轧制、管材轧制、型材轧制以及棒、线材轧制四种基本类型；按厚度可分为薄板（厚度<4mm）、中板（厚度 4～20mm）、厚板（厚度 20～60mm）、特厚板（厚度>60mm，最厚达 700mm）。在实际工作中中板和厚板统称为中厚板。

理论上，板料辊轧体积成形可以划归为回转成形类型，回转成形是指利用周期旋转（摆动）的模具对坯料施压，通过连续、局部的增量塑性变形来实现零件成形，可生产轴类、饼类、板类、筒形等类型零件。一些采用旋转（摆动）工具运动进行塑性加工的实例如图 5-1 所示，辊锻、型轧、旋压、环轧、楔横轧、摆碾、齿轮轧制、碾压扩孔等典型特种塑性成形方法，都属于此类。

本章涉及的轧制成形，主要针对长板类零件进行辊轧工艺仿真及工艺参数分析。长板类零件作为一类典型的形状结构复杂构件，广泛应用于航空航天领域。但由于长板类构件往往具有外形轮廓不规则、厚向截面不均匀等特点，其加工存在较多的困难。通过辊轧成形方法生产时，可以使其获得组织致密、晶粒细化的轧件，并且材料纤维组织流线沿零件轮廓连续分布，力学性能较好，且只需少量的切削加工就能达到工件尺寸精度及表面质量要求。

图 5-1　采用旋转（摆动）工具运动进行塑性加工示意图

5.1.1　辊轧成形原理及特点

辊轧成形与传统成形辊锻工艺有着相似之处，可看成是成形辊锻的扩展。主要区别在于：

① 辊轧成形的坯料主要为板材，而传统辊锻主要为棒材（很少为板）。

② 辊轧成形的目标制件以板壳件为主，而辊锻主要得到长轴类制件。

③ 由于辊轧制件的宽度大，变形模式上与成形辊锻不同。事实上，辊轧成形方法可以理解为辊锻+轧制工艺的有机结合，因此称之为辊轧。

作为回转成形技术的一种，辊轧工艺具有以下特点：

① 通过辊模型槽的变化，可得到多种类型带局部大厚差特征的复杂、异形一体化板壳件，既满足大批量生产要求，又有较大柔性，应用范围广；

② 采用旋转模具对坯料进行局部、渐进的成形，不仅较整体变形所需载荷大大减小、模具寿命长、振动冲击小、噪声低，而且可实现无空行程的连续生产，效率高；

③ 节省材料，可实现少/无切削加工，材料利用率高，批量生产时成本很低；

④ 提高制件的内在质量，在两个轧辊的局部碾压下连续变形，金属纤维按照制件的外形分布，辊轧成形的制件流线分布合理，力学性能好；

⑤ 由于平均压力较小，冷态下即可完成加工，制件精度高、表面质量好；

⑥ 凡能进行塑性成形的金属（以及非金属）均可成形，也可进行温态及热态等各种条件下的成形，工艺扩展性强。

5.1.2　辊轧成形的流动特点

与基于旋转模具成形的传统辊锻、轧制、楔横轧等工艺不同，板料辊轧成形是以板料为毛坯、以板壳件为目标，其变形不仅具有显著的非稳态特征，还存在轧、压、挤、劈等多种变形模式的复合。总体上，辊轧成形时坯料在高度方向上受到压缩，纵向获得延伸。对于横

向的金属流动，辊轧与辊锻存在较大差异，即辊轧工艺坯料在宽度方向只产生极小的金属流
动，材料主要向变形区的出、入口两个方向进行前后延伸。而板料变形区的金属流动速度分
布与模锻相似，存在一个分界面，运动过程中产生前、后滑现象，辊轧金属流动特性如图 5-2
所示。轧件沿辊轧方向的金属流动速度大于轧辊线速度，称为前滑；坯料沿辊轧方向进入两
辊间的速度小于轧辊线速度，称为后滑。前、后滑与多种因素相关，变形程度、接触摩擦、
工具及坯料形状、温度及轧辊辊径等，均会引起金属前、后滑的变化。

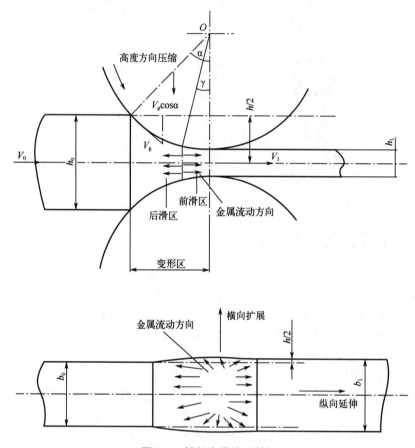

图 5-2　辊轧金属流动特性

　　轧件在轧辊作用下发生塑性变形的区域称为轧制变形区，在简单轧制条件下，即轧件在
进出轧辊处的断面与辊面所围成的区域。轧制变形区的主要参数有咬入角和变形区长度，如
图 5-3 所示。

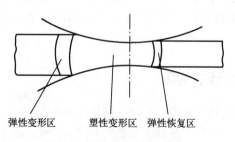

图 5-3　轧制金属变形特点

5.2 轧制成形仿真

5.2.1 创建一个新问题

在 Windows 计算机上，双击"DEFORM GUI Main xxx"打开软件，在菜单栏左上角寻找到新建问题图标 ![图标]，点击新建一个问题。或者通过选择文件点击新问题 `File` ，然后点击新建问题 `New problem` 来创建新问题。之后会在主界面上弹出一个问题设置窗口，如图 5-4 所示，然后单选按钮选择集成制造工艺选项"Integrated Manufacturing Process"，将单位系统选为"SI"，将仿真试验名称定义为"shape_rolling"。自己可在电脑上新建一个纯英文文件夹之后，再进行定义并储存位置，然后单击"OK"按钮，以使用集成制造工艺 Integrated Manufacturing Process 打开新问题。

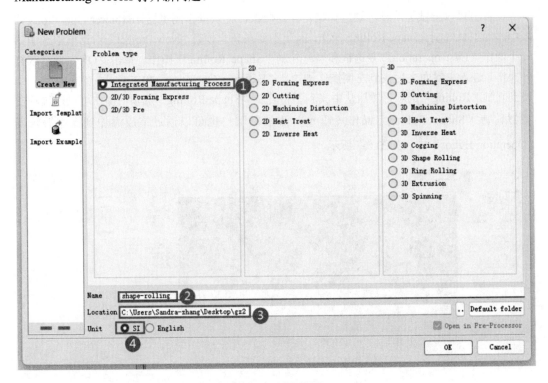

图 5-4 问题设置

5.2.2 添加型材轧制操作

新建问题完成之后进入主界面会弹出一个操作向导"Multiple operation wizard"窗口，此时也会提示用户为此会话指定项目名称（系统将使用此项目名称创建一个单独的文件夹）和标题。在本次练习中，我们将使用"shape-rolling"作为项目名称。然后在第一操作"First operation"中找到型轧"Shape Rolling"操作选项单击完成，同时将单位系统选择为 SI，然后单击 OK 完成操作。如图 5-5 和图 5-6 所示。

图 5-5　操作向导

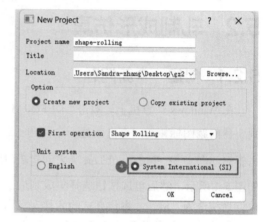

图 5-6　项目设置

　　读者也可以尝试另一种方法进行型材轧制操作，将从操作浏览器 /Explorer Operations 列表中添加型材轧制 /Shape Rolling 操作，因此不要在新建项目"New Project"对话框中选中第一个操作"First operation"复选框和型材轧制"Shape Rolling"操作。单击"OK"以继续打开操作。进入主界面之后找到左侧操作浏览器"Explorer Operation"单击点开，然后从列表中找到轧制"Rolling"选项，然后从中找到型材轧制"Shape Rolling"选项，操作可以通过单击型材轧制"Shape Rolling"操作按钮 🔲 添加，用户也可以通过拖放添加到操作编辑器"Operation Editor"中，如图 5-7 所示。

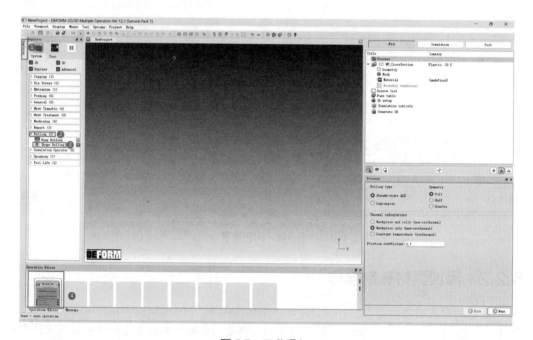

图 5-7　工艺添加

5.2.3　设置工艺条件

　　在主界面左侧找到进程"Pocess"界面，将轧制类型"Rolling type"选择为拉格朗日

"Lagrangian"，将对称"Symmetry"类型选择为全部"Full"，因为我们将设置完整的对象。如果要考虑轧辊中的温度梯度，可以选择工件和轧辊（非等温）"Workpiece and rolls（non-isothermal）"选项，如图5-8所示。

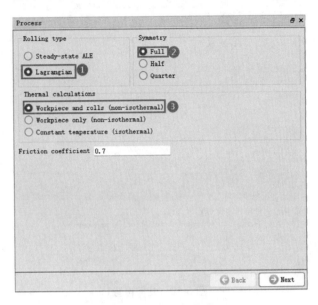

图5-8 操作进程设置

5.2.4 定义工件

在主界面右边前处理 Pre 界面中找到"WP_CrossSection"选项单击进入，之后在下方的"WP_CrossSection"窗口中，将对象类型保留为塑性"Plastic"，并将工件温度"Object temp."指定为100℃，如图5-9所示。此阶段可用的其他选项是从另一个关键字文件或数据库中导入对象。单击 **Next** 以继续。

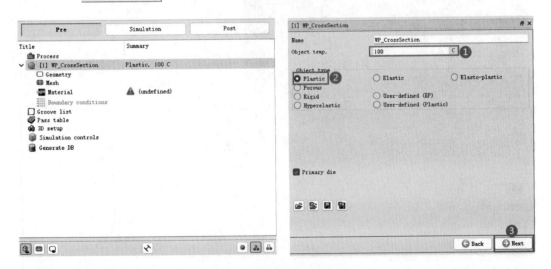

图5-9 参数设置步骤示意

本次轧制模拟试验将在 DEFORM 中进行工件的几何创造，点击几何 Geometry 选项，进入几何设置页面，如图 5-10 所示。

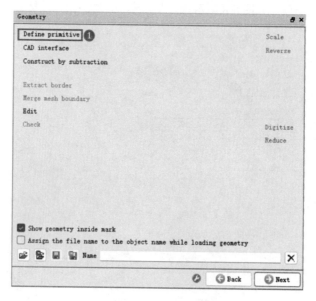

图 5-10　几何设置

单击定义基元"Define primitive"进入基元几何"Geometry primitive"创建窗口，点击左侧选择栏，选择矩形并建立如下参数值的矩形，如图 5-11 所示。

原点"Origin Point"：（−100，−30）；宽度"Wide"：200mm；高度"Hight"：60mm。

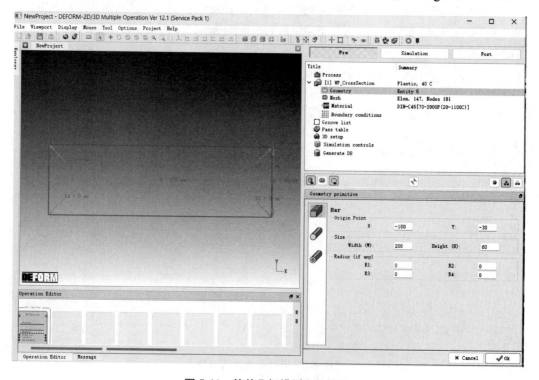

图 5-11　简单几何模型参数设置

几何定义完成之后进行工件的网格生成，点击 ⊞ Mesh 进入网格"Mesh"划分窗口，为了简便直接点击生成网格"Generate Mesh"生成具有默认单元数和设置的网格，如图5-12所示。

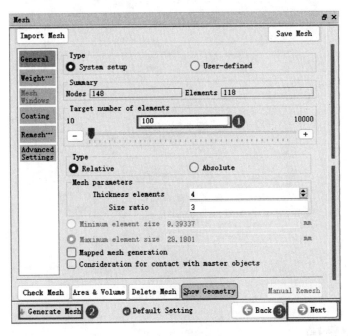

图5-12 网格划分

网格划分完毕之后需要为工件进行材料的分配，单击 Material 进入材料窗口，如图5-13所示。然后单击 ，进入软件自带材料库找到钢"Steel"里面的"DIN-C45"这一材料，如图5-14所示，然后点击加载"Load"进行材料的加载，此时在右侧的材料"Material"窗口出现了刚刚所加载的材料，然后点击此材料DIN-C45[70-2000F（20-1100C）]，材料定义就完成了，然后点击 Next 进入下一项。

图5-13 材料设置

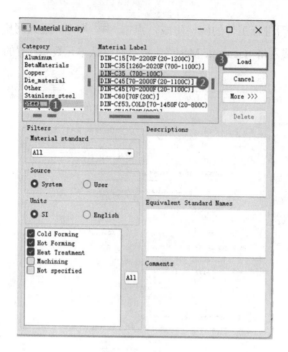

图 5-14　材料库

5.2.5　定义轧槽

单击轧槽列表"Groove List"进入列表页面中,如图 5-15 所示,可以通过单击"　✚　"
按钮来添加轧槽。单击"　✚　"一次以添加一个轧槽,将使用相同的轧槽"Groove"定义
顶部和底部轧辊。

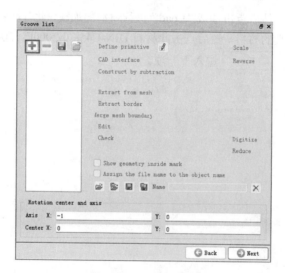

图 5-15　添加轧槽

点击 Groove1 选择第一个轧槽,然后点击定义基元"Define primitive",进入轧辊槽基元
"Roll grovve primitives"界面,在左侧选项栏中选择平轧辊"Flat rolls"选项。对于轧辊几何
图形,将具体参数值设置为:宽度 "Wide" 220mm;半径"r1" 5mm;轧辊半径"RR" 100mm,

如图 5-16 所示。单击"Apply",然后单击"OK",再点击"Next",进入下一步道次的设置。

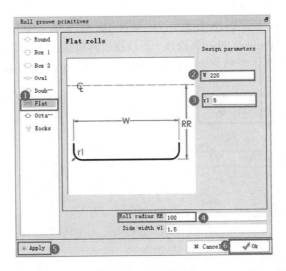

图 5-16 轧辊设置

5.2.6 进行道次设置

在道次表"Pass Table"中,将为上辊"Top roll"和下辊"Bottom roll"分配轧槽"Groove"几何形状。

首先打开显示所有轧辊(对于非对称轧辊)"Show all rolls(for asymmetric rolling)"复选框。然后在道次 1"Pass 1"下,为道次 1"Pass 1"下的上辊"Top roll"和下辊"Bottom roll"选择轧槽"Groove 1"。将轧辊速度"Roll speed(rpm)"值设置为 50,将轧辊间隙"Roll gap(mm)"值设置为 55。将其他设置保留为默认值,如图 5-17 所示。道次设置完毕,然后点击 Next 进入下一步 3D 设置(在道次表页面中,用户只能使用 2.5D 仿真预览轧制过程并且仅用于 ALE 轧制类型,因此对于此模拟直接进入 3D 设置页面)。

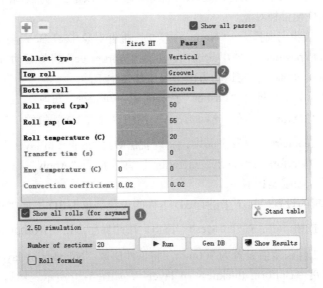

图 5-17 道次表

5.2.7　3D设置

进入 3D 设置界面，如图 5-18 所示。在机架表"Stand table"中有一个可以用于拉格朗日轧制操作的推杆对象"Pusher Object"选项，所以在日常模拟过程中免去了再额外进行推块的建模。现在可以使用对象选项创建推杆对象，或者可以只分配推杆"Bcc"而不创建推杆对象。

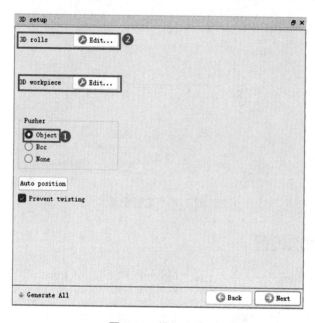

图 5-18　推杆分配

对象"Object"：当我们选择"对象"选项时，将创建类似于工件横截面的默认推杆对象几何图形，并将推杆对象添加到对象列表中。

边界条件 "Bcc"：当我们选择边界条件"Bcc"选项时，工件的"推杆"Bcc 将添加到边界条件 "Bcc"页面中，工件的运动页面将被添加，以定义与推杆相同的运动值，不会在对象列表中添加任何推杆对象。

无 "None"：当我们选择无 "None"选项时，推杆对象/推杆 Bcc 将不会添加到操作中。

自动位置"Auto position"：使用此选项，工件"Workpiece"将与运动方向上的上辊"Top roll"发生干涉定位，而推杆将在运动方向上与工件发生干涉。

在本次模拟试验中为推杆"Pusher"选择对象"Objiect"选项。

单击 3D 轧辊"3D rolls"后的 Edit... 按钮，进入 3D 轧辊的几何设置页面，在 3D 轧辊几何"3D roll geometry"设置页面中，将轧辊层数"Number of layers"设置为 72，然后点击均匀几何生成"Uniform geometry generation"，单击应用"Apply"，点击"OK"完成 3D 轧制几何图形设置，如图 5-19 所示。

在完成 3D 轧辊的设置后接下来进行 3D 工件的设置。单击 3D 工件"3D Workpiece"后的 Edit... 按钮，然后打开"Mesh"窗口。在此界面点击"Workpiece Length"中的用户"User"按钮将工件长度值设置为 300mm，将工件层数"Number of layers"设置为 120，然后选择均匀层厚度"Uniform thickness of layers"，如图 5-20 所示。然后单击生成 3D 网格"Generate 3D Mesh"，再单击"OK"以完成工件网格设置，点击"Next"，进行下一步的操作。

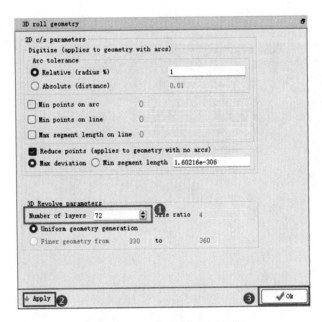

图 5-19　3D 轧制几何图形设置

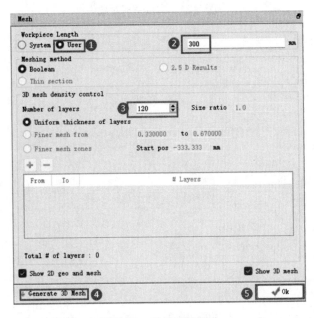

图 5-20　工件网格划分

　　单击 3D 设置页面中的 ↓ Generate All 按钮，然后单击自动定位"Auto position"按钮以正确定位按钮，轧辊和工件如图 5-21 所示。单击 ⊙ Next 以继续。

5.2.8　模拟控制

　　接受模拟控制"Simulation controls"页面中的默认设置，如图 5-22 所示。在此处保存项目，接下来进行轧制道次"Rolling Pass"操作设置。

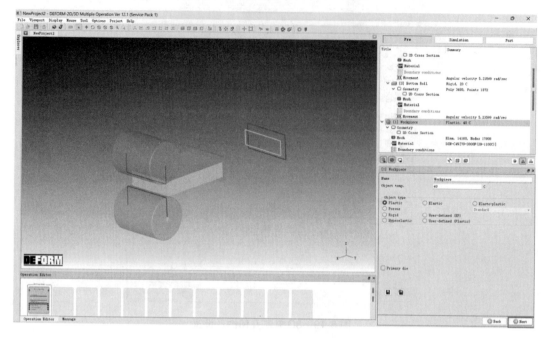

图 5-21　定位生成对象

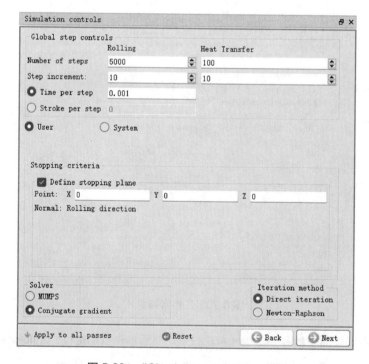

图 5-22　"Simulation controls"页面

5.2.9　轧制道次设置

在左侧底部操作编辑器"Operation Editor"中选择轧制道次"Rolling Pass"操作，如图 5-23 所示。

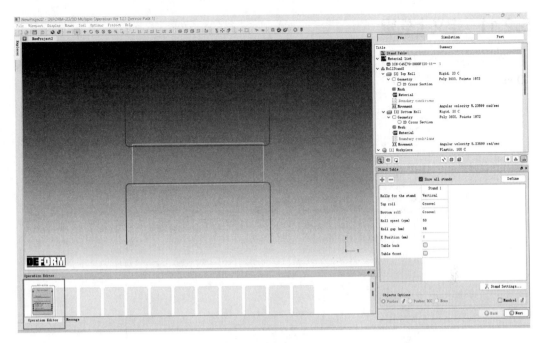

图 5-23 轧制道次设置

5.2.10 机架表设置

在选择轧制道次"Rolling Pass"操作时，将在右侧下方显示出机架表"Stand Table"界面，如图 5-24 所示。在机架表"Stand Table"中我们将前机架"Table front"和后机架"Table back"的复选框勾选上，然后点击"Next"进入顶部轧制页面。

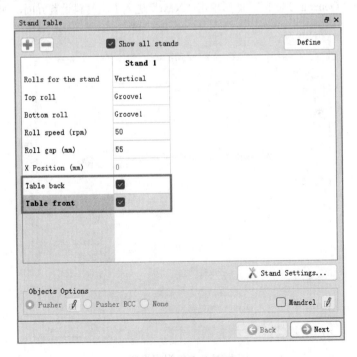

图 5-24 机架表设置

5.2.11　定义上轧辊

在右上操作界面中点击 ∨ [2] Top Roll，进入上轧辊 Top Roll 操作页面，将上辊温度 "Object temp." 定义为 40℃，单击 "Next" 继续进入网格 "Mesh" 界面，如图 5-25 所示。

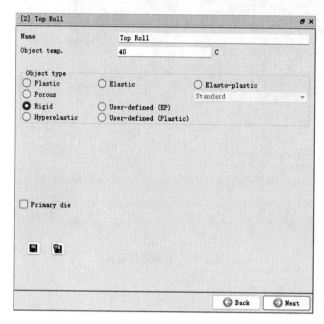

图 5-25　上轧辊定义

在上辊网格 "Top Roll Mesh" 界面，将层数 "Uniform thickness of layers" 设置为 72，然后单击生成网格 "Generate Mesh"，然后单击 "Next" 进入上辊材料设置界面，如图 5-26 所示。

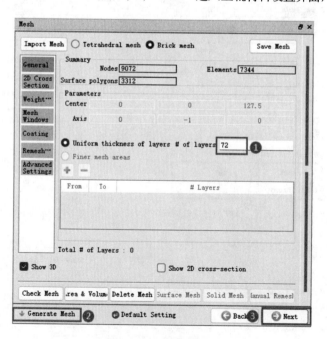

图 5-26　上轧辊网格划分

网格划分完毕就需要为工件进行材料分配，单击 **Material** ，进入材料窗口。

然后单击 📂，进入软件自带材料库找到钢"Die_material"里面的"AISI-H-13"，如图 5-27 所示，然后点击加载"Load"进行材料的加载，此时在右侧的材料"Material"窗口出现了加载材料，然后点击"AISI-H-13"材料，材料定义就完成了，如图 5-28 所示，然后点击 **Next** 进入下一项下辊"Bottom Roll"界面。

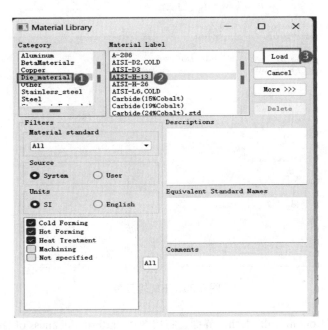

图 5-27 上轧辊材料定义

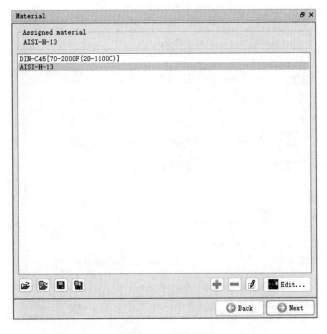

图 5-28 材料分配

5.2.12　定义下轧辊

在右上操作界面中点击 [3] Bottom Roll ，进入下轧辊"Bottom Roll"操作页面，将下辊温度"Object temp."设置为 40℃，单击"Next"继续进入网格"Mesh"界面，如图 5-29 所示。

图 5-29　下轧辊页面

在下辊网格"Bottom Roll Mesh"界面，将层数"Uniform thickness of layers"设置为 72，然后单击生成网格"Generate Mesh"，然后单击"Next"进入下辊材料设置界面，如图 5-30 所示。

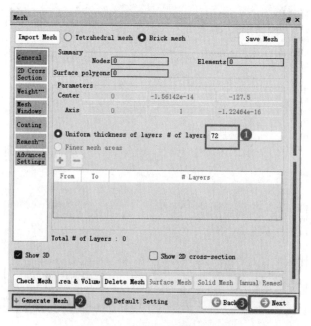

图 5-30　下轧辊网格划分设置

在网格划分后，需要为工件进行材料的分配，单击 **Material** 进入材料窗口。

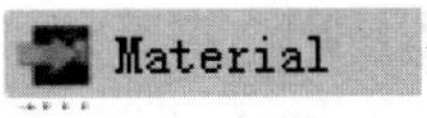

然后单击  ，进入软件自带材料库找到钢"Die_material"里面的"AISI-H-13"，如图 5-31 所示，然后点击加载"Load"进行材料的加载，此时在右侧的材料"Material"窗口出现了刚刚所加载的材料，然后点击"AISI-H-13"材料，材料定义完成，如图 5-32 所示。然后连续点击 3 次 **Next** ，跳过运动"Movement"定义，直接进入下一项后机架的设置。

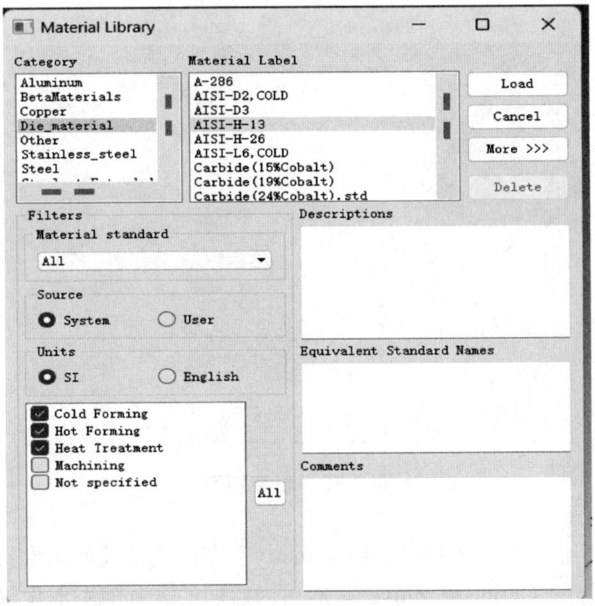

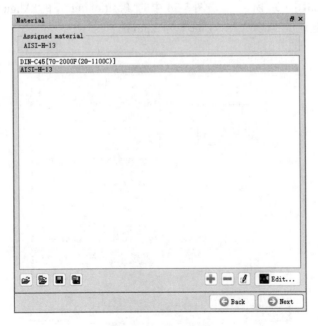

图 5-31　材料选择

图 5-32　材料分配

5.2.13　后机架设置

在后机架"Table Back"页面中，接受默认温度并单击"Next"进入下一步操作，如图 5-33 所示。

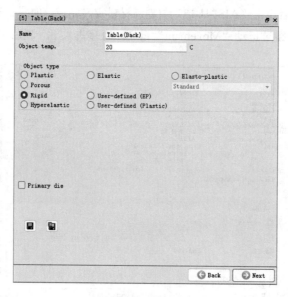

图 5-33　机架页面

然后定义后机架几何图形"Table back geometry"，在后机架几何图形"Table back geometry"页面中，选择定义基元"Define primitive"，然后为后面的表几何图形设置参数。原点"Origin point"：X=−100mm；宽度"Width"：W=200mm；高度"Height"：H=5mm；长度"Length"：650mm。具体设置如图 5-34 所示。点击图 5-34 中的"Positioning"下的"Align to the top of bottom roll"复选框，设置道次线值 "Pass Line" 为 2.5mm。

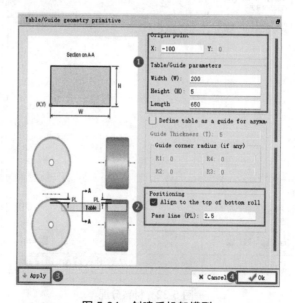

图 5-34　创建后机架模型

然后进行后机架网格的生成，将层的均匀厚度数"Uniform thickness of layers"设置为5，其余设置保留为默认值，再单击生成网格"Generate Mesh"为后机架生成网格，如图5-35所示。

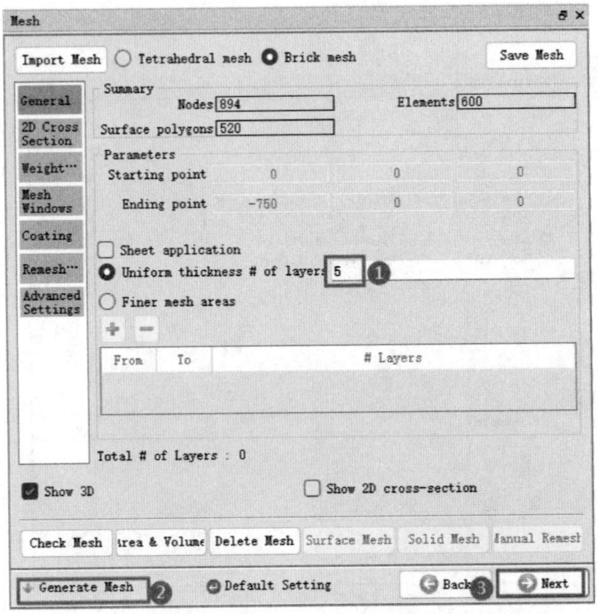

图 5-35　后机架网格划分

为后机架划分好网格之后，接着为后机架指定材料，单击 **Material** 进入材料窗口。由于之前为轧辊定义时加载过指定的材料，所以可以在材料窗口中直接点击里面的"AISI-H-13"，如图5-36所示，然后点击"Next"，材料定义完成。

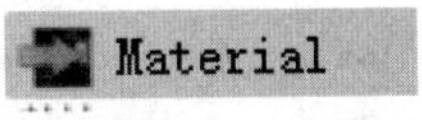

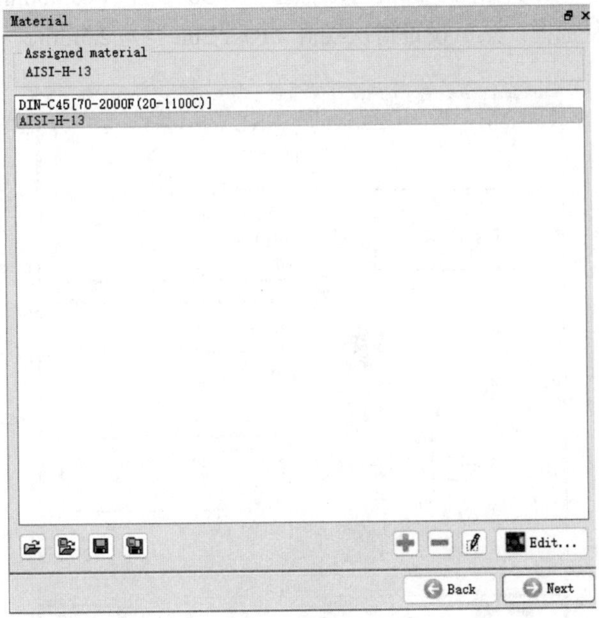

图 5-36　选择材料

5.2.14　前机架设置

在前机架"Table（Front）"页面中，接受默认温度并单击"Next"，进入下一步操作，如图 5-37 所示。

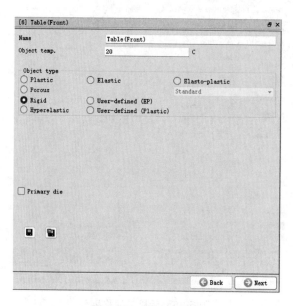

图 5-37　前机架页面

然后定义前机架几何图形"Table front geometry"，在前机架几何图形"Table front geometry"页面中，选择定义基元"Define primitive"，然后为后面的表几何图形设置参数。原点"Origin point"：X= −100mm；宽度"Width"：W= 200mm；高度"Height"：H= 5mm；长度"Length"：L=650mm，如图 5-38 所示。点击图 5-38 中的"Positioning"下的"Align to the top of bottom roll"复选框，然后设置道次线值"Pass Line"为 2.5mm。

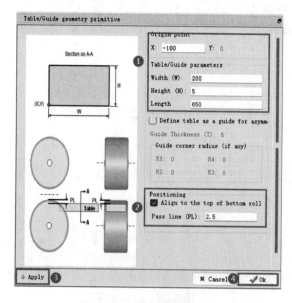

图 5-38　创建前机架模型

进行前机架网格的生成，将层的均匀厚度数"Uniform thickness of layers"设置为5，其余设置保留为默认值，然后单击生成网格"Generate Mesh"为前机架生成网格，如图5-39所示。

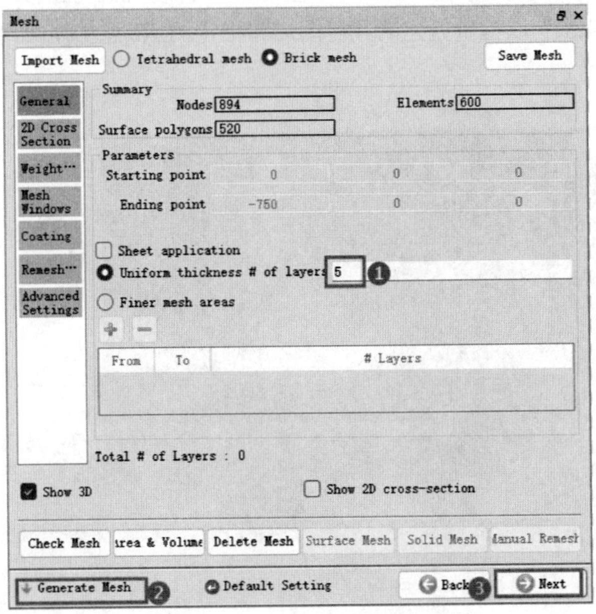

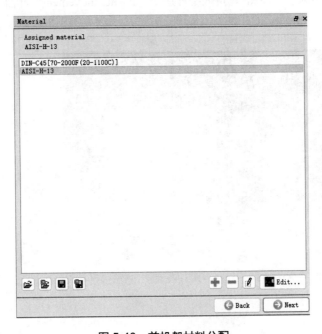

图 5-39 前机架网格划分

为前机架划分好网格之后，接着为前机架定义材料，单击 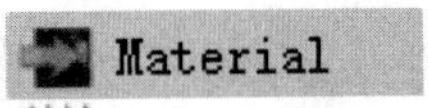 Material 进入材料窗口。由于之前为轧辊定义时加载过指定的材料，所以可以在材料窗口中直接点击里面的"AISI-H-13"，如图5-40所示，然后点击"Next"，材料定义完成。

图 5-40 前机架材料分配

5.2.15　推杆对象设置

单击右上侧操作页面的推杆"Pusher"，进入推杆设置界面。推杆对象是使用工件尺寸自动创建的。单击"Next"以检查创建的几何图形和指定的运动控制，如图 5-41 所示。

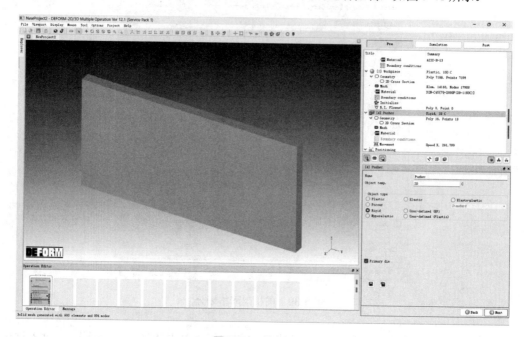

图 5-41　推杆页面

进入"Geometry"界面，点击"Check"，检查默认几何图形，如图 5-42 所示。然后点击"OK"，再连续点击两次"Next"，进入推杆运动"Pusher movement"界面。

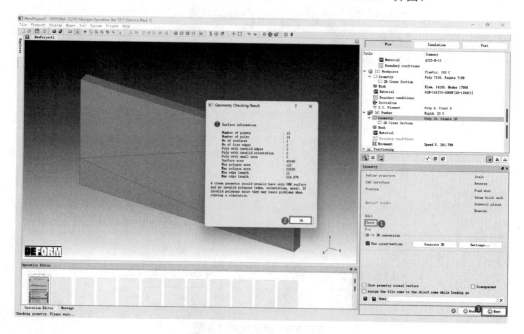

图 5-42　推杆几何形状定义

对于推杆的运动定义，在类型"Type"中将速度"Speed"作为控制选项。推杆的速度应该为轧辊相对速度的 50%～60%，因此推杆的恒定速度值设置为 340mm/sec，如图 5-43 所示。通过点击预览运动"Preview Movement"选项，可以看到运动的预览。单击"Next"，将进入对象定位"Object Positioning"页面。

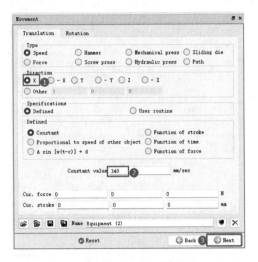

图 5-43　推杆运动定义

5.2.16　定义对象定位

在 5.2.7 节进行 3D 设置单击按钮时，对象会自动正确定位，并且机架正面和机架背面会自动在正确的位置创建，因此无须再定位。定位的对象如图 5-44 所示。连续点击两次"Next"，进入下一项接触关系的定义。

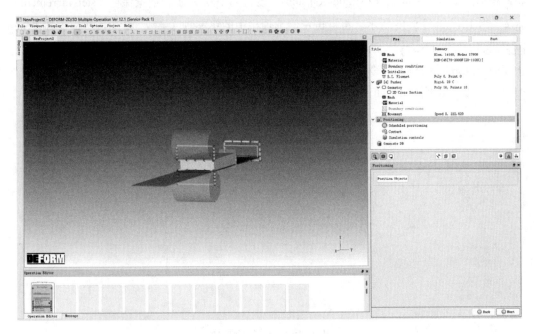

图 5-44　对象定位

5.2.17　接触关系的定义

在接触关系"Contact"页面中，将自动添加主从关系。将剪切摩擦"Shear Friction"设置为 0.7，将界面传热系数"Interface Heat Transfer Coefficient"值设置为 11，如图 5-45 所示。点击生成"Generate"按钮，然后点击应用到全部"Apply To All"，再点击"Next"进入下一项。

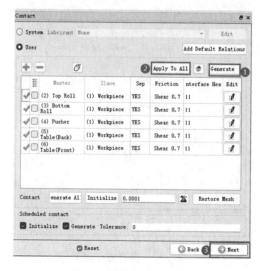

图 5-45　接触关系设置

5.2.18　模拟控制页面的定义

在模拟控制"Simulation controls"页面中，点击左侧选项栏中的第二项模拟步长 ，将此模拟的步数"Number of simulation steps"设置为 500，步长增量保存"step increment to save"为 10，如图 5-46 所示。再点击左侧选项栏中的第三项 ，将步长增量控制"Step increment control"中每时间步设置为 0.01 秒，如图 5-47 所示。然后点击左侧第四项，点击停止平面"Stopping Plane"设置有关停止条件，请选择停止平面和"X"方向，同时点击工件的自由端边，用于停止平面停止控制（即在+X 方向上），如图 5-48 所示。

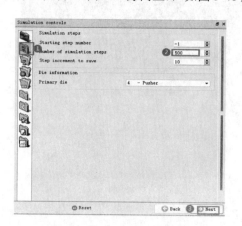

图 5-46　模拟控制页面

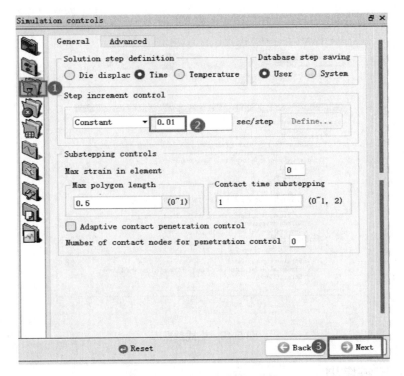

图 5-47 定义步骤数和停止条件

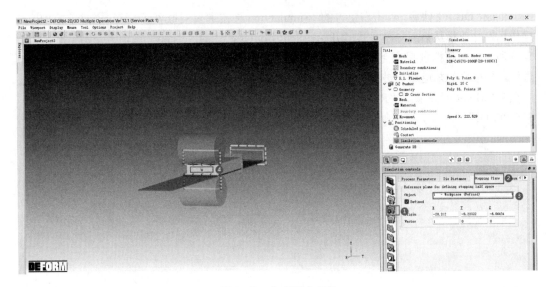

图 5-48 定义停止条件

5.2.19 检查并生成模拟文件

在生成数据库"Generate DB"页面，先点击 → Check Data 检查分析所需的数据，如果没有问题可以继续点击 → Generate Database 生成数据库。对于任何多个操作的第一个操作，读者需要生成数据库，如图 5-49 所示。

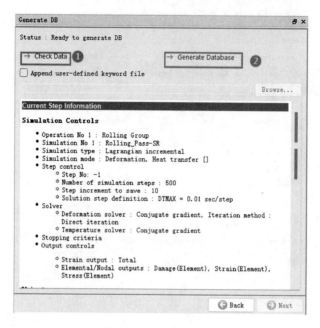

图 5-49　生成数据库

5.2.20　运行模拟

生成"DB"文件后，点击右上方的"Simulation"按钮进入模拟界面。然后通过单击"Run"操作标签并选择从最后一个负步骤开始"Start from last negative step"选项来开始模拟，如图 5-50 所示。在模拟过程中会始终有一个"Runing"的提示，同时，右下方会不断地更新模拟进程。如果你想知道运行进程可以查看主监视器界面，点击"Monitor"查看模拟进度条，或者点击"Monitor"左侧的"Rolling Group"查看模拟步数。模拟结束，右侧会提示"PROGRAM STOPPED!"。

图 5-50　模拟界面

5.3 运行后处理

DEFORM V12.0 的集成模块将模拟过程的前处理、模拟过程和模拟的后处理模块集成到一起，可以方便用户，并且可以直接进入前处理或者后处理操作界面，不需要像以前一样做完一部分还需要退出才能继续进行下一部分的操作。模拟运行结束后，直接点右侧的"post"就可以直接切换到后处理界面，如图 5-51 所示。可以看到，后处理界面包括图形主界面、左下方的步数选择和动效操控、工件显示选择窗口、右下方的后处理工具窗口等。

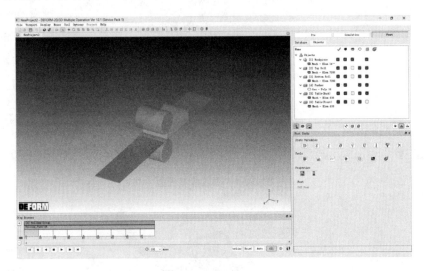

图 5-51 后处理界面

在后处理窗口中，单击 ▶ 按钮，可以直接观察模具运动和工件的成形过程。如果局部变形不能清楚地展示出来，可以单击线框 ⬚ 按钮。同时若在观察过程中显示出的模具运动过程会干扰对工件的观察，你可以选中右上方的板料，然后单击下方的单独显示按钮 ⬤ ，让工件单独显示，如图 5-52 所示。

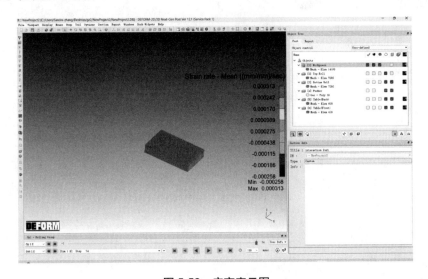

图 5-52 应变率云图

在后处理中，可以观测型材的等效应变云图，如图 5-53 所示。型材的上、下表面是和轧辊相互接触的，所以其数值明显比中心部位要大。

在后处理中，同样可以观测型材的温度场云图，如图 5-54 所示。型材的上、下表面是和轧辊相互接触的，轧辊和型材之间的摩擦以及型材在变形时产生的变形功会导致型材表面的温度明显比内部高，这符合能量平衡及转换相关原理。

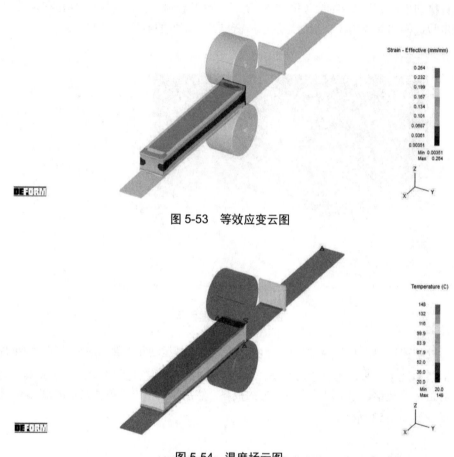

图 5-53　等效应变云图

图 5-54　温度场云图

第6章

锻造成形仿真及分析

6.1 锻造成形工艺特点

齿轮及齿轮产品是机械装备的重要基础件，绝大部分机械成套设备的主要传动部件都是齿轮。其中齿形是区别齿轮的重要标志之一，齿形包括齿廓曲线、压力角、齿高和变位。从齿形上可以将齿轮分成三类，分别是渐开线齿轮、摆线齿轮和圆弧齿轮。因渐开线齿轮比较容易制造，所以在行业中使用广泛，而摆线齿轮和圆弧齿轮应用较少。

从加工方式来说，有机械切削、锻造成形等不同的加工方式。其中机械切削成形容易使齿轮轮齿部位的金属流线发生破坏且生产效率较低，而热-冷锻造可以有效避免机械切削的缺陷，因此一般采用热-冷锻等复合成形工艺来实现齿轮的批量化生产。采用热-冷锻复合成形工艺来实现齿轮成形时，对模具的服役寿命有着巨大挑战。冷、热模具在服役中非常容易失效。失效的基本形式有磨损失效、塑性变形失效、疲劳失效以及断裂失效四种。四种失效形式可能同时出现，相互渗透、相互促进、各自发展，导致模具失去正常功能。由于磨损量难以预测且加以控制，所以如果能成功建立成形工艺参数与模具磨损的关系，就能更好地指导齿轮的批量化生产。

本章通过模拟试验分析成形过程中模具的磨损量，让用户掌握齿轮的热-冷锻复合成形工艺设置及模具磨损分析。计算模型见图6-1。

图6-1 计算模型

6.2 车用齿轮热锻仿真试验及结果分析

6.2.1 齿轮热锻成形设置

6.2.1.1 创建新项目

双击打开 DEFORM V12.0 软件，进入软件的主窗口，如图6-2所示。创建一个新的项目，首先点击主窗口左上方菜单栏的"文件"，选择"开启新专案（N）"，选择后弹出问题设定窗口，如图 6-3 所示。问题形式选择"集成"模块中带有星号的"2D/3D Pre"，单位选择"公制"。完成之后点击"Next"进入问题位置设置，问题位置设置如图 6-4 所示，注意保存文件的位置路径必须是数字或者英文，不能出现中文路径与空格，防止模拟试验出现错误。完成之后点击"Next"进入问题名称设定，根据用户需求设置不同且易于分辨的项目名称，如图 6-5 所示。完成之后点击"Finish"进入前处理模块。

　　进入前处理操作界面时，弹出新问题操作框，如图 6-6 所示。由于在"创建新项目"时已经对问题进行基本设置，故此处保持默认，点击"OK"完成设置，进入前处理界面。

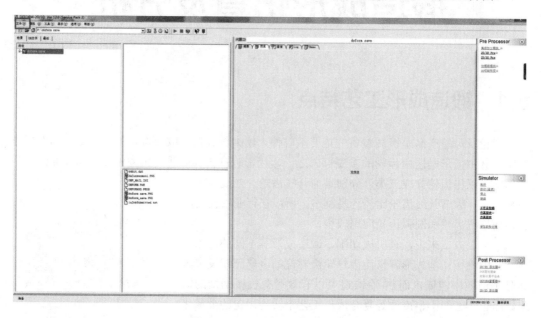

图 6-2　DEFORM V12.0主窗口

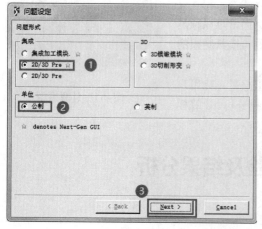

图 6-3　问题形式

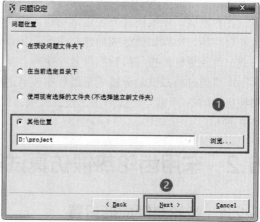

图 6-4　问题位置

图 6-5　问题名称

图 6-6　新问题设置

6.2.1.2　设置模拟控制

如图 6-7 所示，根据流程提示，第一步需要对"模拟控制"进行设置，"模拟控制"中需要对"模拟信息""单位""类型""模式"进行设置。本小节是对齿轮成形过程中的热锻进行设置，如图 6-8 所示，"操作序号"设置为"1"，"单位"设置为"SI"，"类型"选择"Lagrangian增量"，"模式"选择"变形""热传"。完成操作后点击右下角的"下一步"。

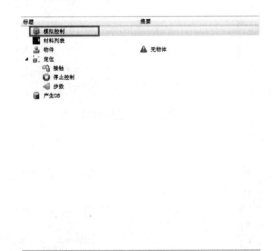

图 6-7　模拟控制

图 6-8　模拟控制设置

6.2.1.3　设置材料

如图 6-9 所示，完成设置模拟控制后进入"材料列表"。如图 6-10 所示，在右下方的材料列表中暂时没有任何材料，需要用户手动添加。图中" 🖼 "表示从软件外部加载材料，点击" 🖼 "，选择用户自建的".KEY"材料模型，如图 6-11 所示，选中所需材料文件后点击"打开"，进入图 6-12 界面，选中材料后点击"OK"，退回至图 6-13 界面，此时材料已经添加完毕，点击"下一步"进入图 6-14 界面可查看材料模型，点击"下一步"可进入"物件设置"。

图 6-9　材料列表　　　　　　　　　　图 6-10　导入自定义材料

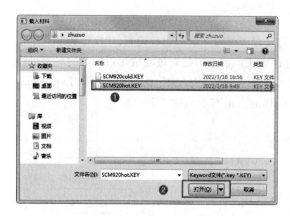

图 6-11　材料模型

图 6-12　选择材料

图 6-13　材料列表操作

图 6-14　材料属性

6.2.1.4　设置坯料与模具

图 6-15 显示现在处于"无物体"状态，需要用户添加三维模型。观察图 6-1，成形模具分为上下模，上下模具间夹着圆柱形坯料。点击图 6-16 中左上角的""三次，分别添加"Workpiece""Top Die""Bottom Die"，添加完成后，如图 6-17 和图 6-18 所示。

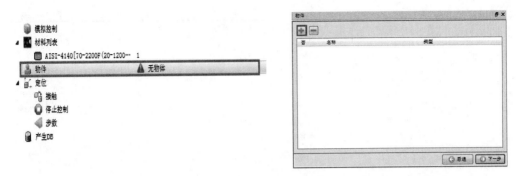

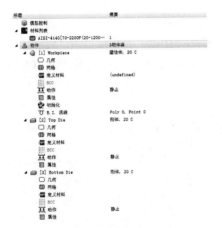

图 6-15 物件　　　　　　　　　　　　图 6-16 添加物件

图 6-17 物件模型树　　　　　　　　　图 6-18 完成物件添加

点击图 6-18 中"下一步",进入"Workpiece"的设置。在图 6-19"Workpiece"中,红色表示必须操作的步骤。在右下方设置中,"物件温度"设置为"950℃","物件类型"设置为"塑性体"。设置完成后点击"下一步"(图 6-20)。

图 6-19 Workpiece　　　　　　　　　图 6-20 定义坯料温度与类型

如图 6-21 所示,在"几何"设置中,点击"⬛"从外部导入"STL"格式的模型文件。如图 6-22 所示,选中需要导入的文件,点击"打开"将三维模型导入 DEFORM 软件,导入完成后点击"下一步"。

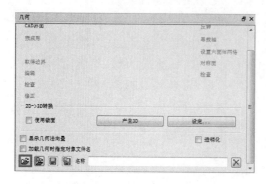

图 6-21　导入自定义模型

图 6-22　选择坯料文件

如图 6-23 所示，完成几何导入后，进行坯料的网格划分。在图 6-24 所示窗口，设置"单元数目"为"40000"，点击"产生网格"按钮，弹出"预设的 BBC"对话框点击"Yes"后，软件进行网格的自动划分（图 6-25）。等待一段时间后，网格自动划分完成，划分的网格如图 6-26 所示。完成网格划分后，点击图 6-24 中的"下一步"。

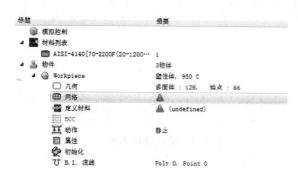

图 6-23　网格划分

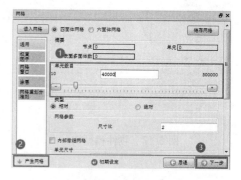

图 6-24　网格设置

图 6-25　预设 BCC

图 6-26　网格预览

进入图 6-27 所示的"定义材料"。如图 6-28 所示，点击在材料列表中已经加入的材料，鼠标左键点击所需材料，材料被应用至"Workpiece"。至此关于"Workpiece"的设置完成。

点击图 6-29 中的"Top Die"对上模具进行设置。如图 6-30，"物件温度"设置为"250℃"，"物件类型"设置为"刚体"，设置完成后点击"下一步"。

在如图 6-31 所示的"几何"界面，点击" "从外部导入 STL 格式模型文件。如图 6-32，选中需要导入的文件，点击"打开"将三维模型导入 DEFORM 软件。

图 6-27 定义材料

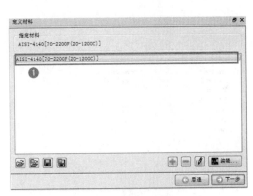

图 6-28 选择材料模型

图 6-29 定义"Top Die"

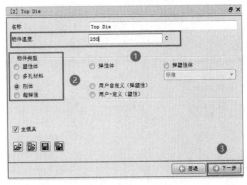

图 6-30 定义上模温度与类型

图 6-31 导入自定义模型

图 6-32 选择上模模型

完成工模具几何模型导入后，点击图 6-33 中的"动作"，设置"Top Die"的动作，具体设置如图 6-34 所示。"平移形式"选择为"速度"，"方向"选择为"-X"，设置运动速度为"10mm/s"。至此关于 Top Die 的设置完成。

点击图 6-35 中的"Bottom Die"对下模具进行设置。如图 6-36，"物件温度"设置为"250℃"，"物件类型"设置为"刚体"，设置完成后点击"下一步"。

在如图 6-37 所示的"几何"界面，点击""从外部导入 STL 格式的模型文件。如图 6-38，选中需要导入的文件，点击"打开"将三维模型导入 DEFORM 软件。至此关于"Bottom Die"的设置已经完成。

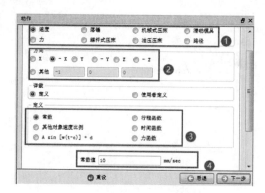

图 6-33　定义动作　　　　　　　　图 6-34　动作参数设置

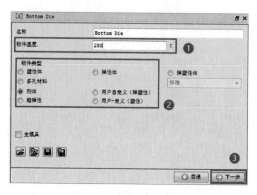

图 6-35　Bottom Die　　　　　　　图 6-36　定义下模温度与类型

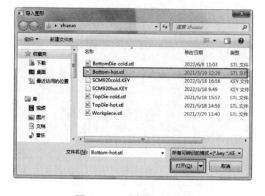

图 6-37　导入自定义模型　　　　　　图 6-38　选择下模模型

6.2.1.5　定义位置关系

完成坯料与模具的加载后，根据实际加工过程中模具与坯料的位置关系，对窗口中的物体进行位置关系定义。观察图 6-1，成形模具分为上下模，上下模具间夹着圆柱形坯料。点击图 6-39 中的"定位"，切换到图 6-40 界面，点击"定位物件"按钮。

进入"物件定位"对话框后，如图 6-41 所示，"物件定位方法"设置为"干涉"。整个干涉过程分为两步操作：第一步如图 6-41 所示，定位物件为"Workpiece"，接近方向为"−X"，参考为"Bottom Die"，点击"应用"；第二步如图 6-42 所示，定位物件为"Top Die"，接近方向为"−X"，参考为"Workpiece"，点击"应用"。完成这两步操作后，上下模具与坯料的位置已移动到开始热锻前一刻，点击"OK"，完成模具与坯料的物件定位设置，返回至图6-40所示界面。完成定位后的模具与坯料位置如图6-43所示。点击图6-40"下一步"进入"接触"设置。

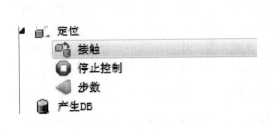

图6-39 定位

图6-40 定位物件

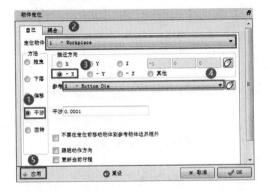

图6-41 下模干涉

图6-42 上模干涉

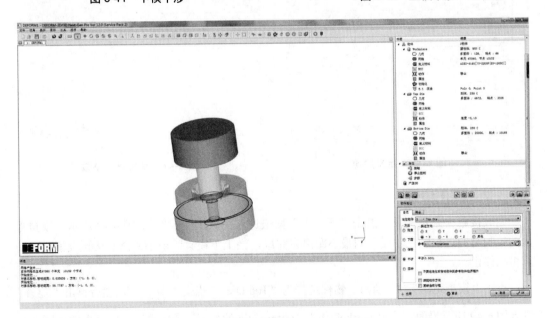

图6-43 定位预览

6.2.1.6　定义接触关系

如图 6-44 所示，进入"接触"设置界面。点击图 6-45 右上角"添加默认关系"，系统会自动添加上模具与坯料、下模具与坯料接触面之间的接触关系。点击"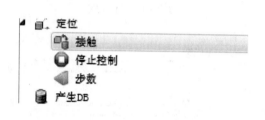"进入图 6-46 所示编辑界面，在"变形"选项卡下选择摩擦"类型"为"剪切"，"值"的大小选择为"定值"，输入数值为"0.3"。然后选择"热"选项卡进入图 6-47 所示界面，热传系数为"定值"，热传系数在本次模拟中采用系统默认推荐值，其值设置为"5"，设置完成后点击"OK"返回至图6-45 所示界面。完成第一个接触面的接触关系定义后，第二个接触面的接触关系定义与第一个接触面一致，点击图 6-45 上的"应用到所有"按钮，第一个接触面的接触关系被复制到第二个接触面的接触关系。"　"表示"预设接触误差"，在图 6-45 上点击"　"自动产生预设接触误差，完成后点击"全部产生"按钮，设置完成的接触关系应用至接触面上。

图 6-44　接触　　　　　　　　　　　图 6-45　设置接触关系

图 6-46　定义摩擦　　　　　　　　　图 6-47　定义热传系数

6.2.1.7　停止控制

完成接触关系定义后，点击"下一步"按钮进入"停止控制"，如图 6-48 所示。模拟停止的控制是通过控制上下模具间最小距离来完成，当上下模具间最小距离到达预设值时，仿真模拟停止。

点击"模具距离"，"参照 1"物件选择为"Top Die"，点击"　"，然后点击"　"进入图 6-49 所示界面，关闭 Workpiece 与 Bottom Die 的显示。关闭显示后的主界面如图 6-50

所示，鼠标左键单击图中标记处，完成后图 6-48 中"⬚?⬚"变为"⬚✓⬚"，单击"⬚✓⬚"。

图 6-48　停止条件

图 6-49　可视选项

在"参照 2"中物件选择为"Bottom Die"，点击"⬚🖱⬚"，然后点击"⬚🔵⬚"进入图 6-51
所示界面，关闭 Workpiece 与 Top Die 的显示。关闭显示后的主界面如图 6-52 所示，鼠标左
键单击图中标记处，此时图 6-48"参照 2"处"⬚?⬚"变为图 6-53 处"⬚✓⬚"，单击"⬚✓⬚"。

图 6-50　上模节点

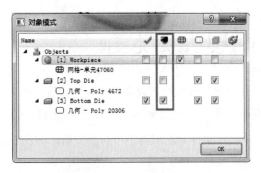

图 6-51　可视选项

完成点位设置后，在图 6-53 处将方法设置为"X 轴上的距离"，距离设置为"27mm"，
完成后单击"⬚✓⬚"。

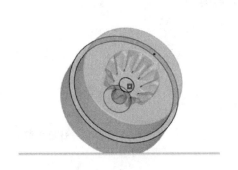

图 6-52　下模节点

图 6-53　停止条件

6.2.1.8　设置步数

完成"停止控制"后，点击"下一步"进入"步数"设置（图 6-54）。"计算步数"设置为"138"，"每隔多少步储存"设置为"2"。完成后点击左侧竖列第三个图标""进入如图 6-55 所示的步数设置界面，将"求解步定义"设置为"模具位移"，"步数增量控制"设置为"常数"，大小为"0.3mm/step"。用户可参考第 2 章的步数与步增量的设置方法。

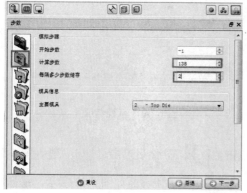

图 6-54　步数设置　　　　　　　　　　图 6-55　步长设置

6.2.1.9　产生并计算 DB 文件

如图 6-56 所示，进入"产生 DB"窗口，在"类型"中可以选择保存路径，设置完成后点击"检查数据"按钮检查数据，检查完成后点击"产生 DB 文件"按钮产生"DB"文件。完成后点击"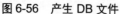"离开前处理。离开前处理回到软件主窗口后点击"Simulator"中的"执行"按钮，提交 DB 文件至求解器进行仿真分析，如图 6-57 所示。

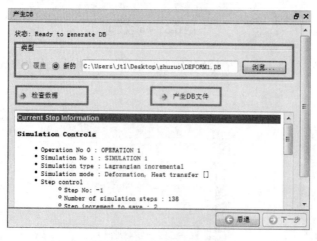

图 6-56　产生 DB 文件　　　　　　　　　图 6-57　计算求解

6.2.2　齿轮冷却设置

齿轮热锻成形后，需要将齿轮放置在外部进行冷却。在模拟中可以通过设置齿轮与外界的热交换进行齿轮的冷却。当热锻模拟停止运行后，点击后处理可以查看热锻模拟结果，若热锻模拟结果符合预期，可返回至软件主窗口，在热锻的基础上进行第二步操作，具体操作设置详述如下。

如图 6-58 所示，点击软件主窗口的"2D/3D Pre"按钮，弹出图 6-59 所示的步数选择对话框，点击"最终"按钮选择齿轮热锻最后一步模拟结果，进入前处理界面。前处理右下角如图 6-60 所示，将操作序号修改为"2"，模式只勾选"热传"。

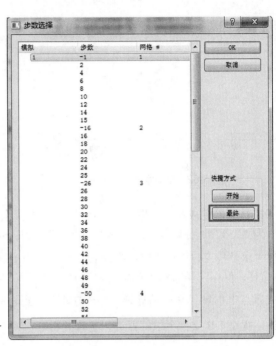

图 6-58 前处理　　　　　　　　　　图 6-59 热锻最终步

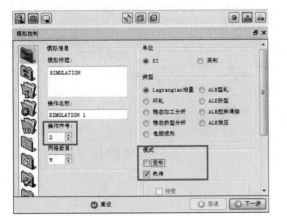

图 6-60 成形模式　　　　　　　　　　图 6-61 物件

修改完成后点击图 6-61 所示"物件"，需要将热锻时用的模具从前处理中删除，选中图 6-62 中的"Top Die"，点击""将其删除。点击"Bottom Die"，点击""将其删除。

图 6-62　删除物件

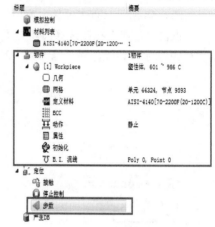

图 6-63　模型树

上下模具删除完成后，如图 6-63 所示，物体中只余下 Workpiece。点击步数，设置"计算步数"为"750"，"每隔多少步储存"为"50"，如图 6-64 所示。点击""，如图 6-65 所示，设置"求解步定位"用"时间"控制，时间的步增量设置为"10"。完成设置后点击"产生 DB"按钮，保存路径选择"覆盖"并保持默认路径，点击"检查数据"并"产生 DB 文件"，写入完成后点击""离开前处理。离开前处理回到软件主窗口后点击"Simulator"中的"执行"按钮，提交 DB 文件至求解器进行仿真分析。

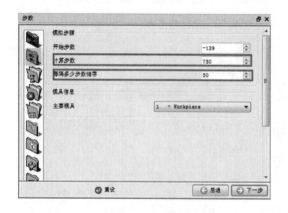

图 6-64　设置步数

图 6-65　设置时间步长

6.2.3　齿轮冷锻成形设置

当齿轮冷却设置模拟完成后，将齿轮放置于冷作模具钢上完成冷锻过程。点击软件主窗口的"2D/3D Pre"按钮，弹出图 6-66 所示的步数选择对话框，点击"最终"按钮选择齿轮热锻最后一步模拟结果，进入前处理界面。前处理右下角如图 6-67 所示，将操作序号修改为"3"，模式勾选"变形"与"热传"。

图 6-66　冷却最终步

图 6-67　成形模式

6.2.3.1　定义 Workpiece 属性

点击图 6-68 所示"Workpiece"的"定义材料"，将图 6-69 所示的用于热锻的材料模型删除。选中材料模型，然后点击""删除，完成后点击""将用于冷锻的材料模型导入前处理模块，如图 6-70 所示。导入完成后在"定义材料"单击选中材料，如图 6-71 所示。

导入完成后，需要设置该半成品齿轮的硬度。如图 6-72 所示，点击前处理窗口中的""进入"物体单元"命令，选中图 6-73 中"Hardness"命令，点击""进入初始化命令，根据实际工况将材料的硬度值设置为"13"，设置完成后点击"应用"并"关闭"，如图 6-74 所示。读者可根据实际情况修改坯料硬度值。

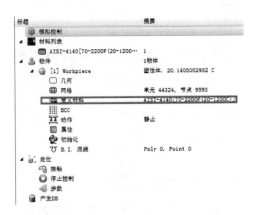

图 6-68　定义材料

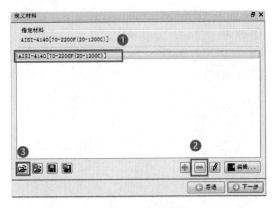

图 6-69　删除材料

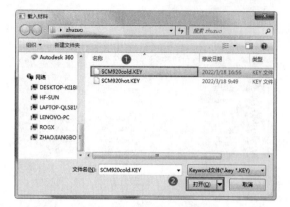

图 6-70 选择材料文件

图 6-71 重新导入材料

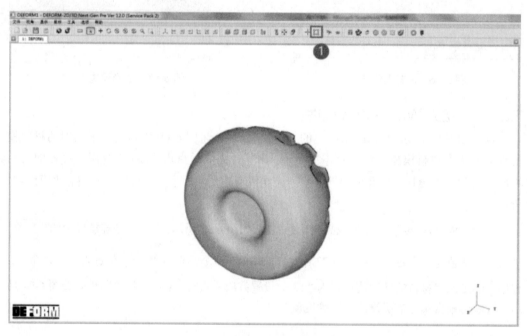

图 6-72 硬度设置

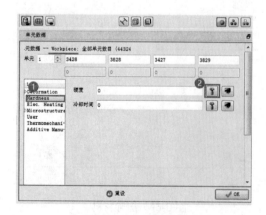

图 6-73 Hardness

图 6-74 定义硬度值

6.2.3.2　添加模具

添加用于冷锻过程的模具，如图 6-75 所示，选中"物件"命令，点击"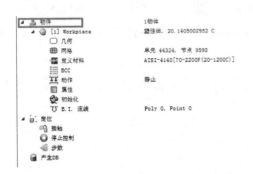"两次，添加"Top Die"与"Bottom Die"，添加完成，如图 6-76 所示。

图 6-75　物件

图 6-76　添加物件

如图 6-77 所示，在冷锻过程中的 Top Die，默认为物件温度为"20℃"的"刚体"。选中"几何"命令，进入图 6-78 界面，点击""，加载 STL 格式的"Top Die"模型，如图 6-79 所示。模型加载完成后设置"Top Die"的运动状态，点击图 6-77 中"动作"命令，设置 Top Die 的动作控制形式为"速度"，方向为"-X"，运动速度设置为 5mm/sec，如图 6-80 所示。

图 6-77　Top Die

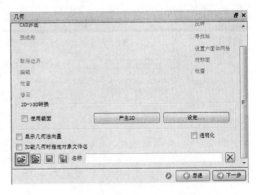

图 6-78　导入自定义模型

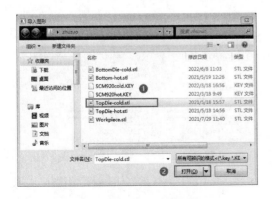

图 6-79　选择上模模型

图 6-80　定义上模动作

如图 6-81 所示，在冷锻过程中的 Bottom Die，默认为物件温度为"20℃"的"刚体"。

选中"几何"命令，进入图6-82界面，点击"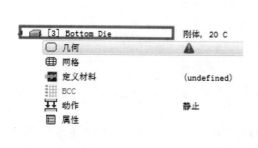"，加载 STL 格式的"Bottom Die"模型，如图6-83所示。模型加载完成后对"Bottom Die"进行网格划分，点击图6-81中"网格"命令，设置网格数为"40000"，并"产生网格"，如图6-84所示，用户实际模型的网格数可酌情调整。点击图6-81中"定义材料"命令，点击"   "进入材料库，如图6-85所示，选择"AISI-H-13"为"Bottom Die"的材料，加载完成后在"定义材料"中选中"AISI-H-13"材料，如图6-86所示。

图 6-81　Bottom Die

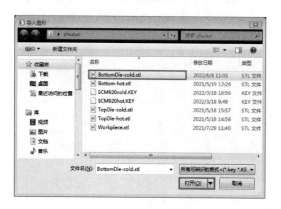

图 6-82　导入自定义模型

图 6-83　选择下模模型

图 6-84　划分网格

图 6-85　导入材料模型

图 6-86　选择下模材料

导入完成后，需要设置 Bottom Die 的硬度。点击前处理窗口中的"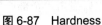"进入"物体单元"命令，选中图 6-87 中"Hardness"命令，点击"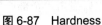"进入初始化命令，将硬度值设置为"56"，设置完成后点击"应用"并"关闭"，如图 6-88 所示。

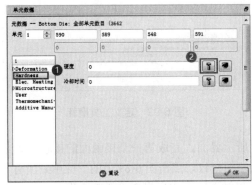

图 6-87　Hardness

图 6-88　定义硬度值

6.2.3.3　定义位置关系与接触关系

完成坯料与模具的设置后，需要调整坯料与模具的位置关系。在冷锻过程中坯料与模具的位置关系可参考热锻过程，其具体操作设置可采用热锻过程中的操作步骤，具体参考 6.2.1.5 小节。

完成坯料与模具的位置关系设置后，设置模具与坯料之间的接触关系。进入"接触"设置界面，点击图 6-89 右上角"添加默认关系"，系统会自动添加上模具与坯料、下模具与坯料接触面之间的接触关系。点击""进入图 6-90 所示编辑界面，选择"变形"选项卡，设置摩擦"类型"为"剪切"，"值"的大小选择为"定值"，输入数值为"0.12"。选择"热"选项卡进入图 6-91 所示界面，热传系数为"定值"，其值设置为"5"。选择"工具磨耗"选项卡，勾选"定义用于计算工具磨损的模块"，采用"Archard"磨损方程，设置具体参数为 $a=1$，$b=1$，$c=2$，$K=0.000002$，如图 6-92 所示。Archard 磨损理论是一种描述磨损的物理理论，是研究磨损机理的基础，它用一个数学公式表达磨损发生的规律，适用于挤压等不连续性生产过程。公式中 a、b、c 需要通过实际试验获取，对钢而言，一般 a、b 取 1，c 取 2。K 为磨损系数，可以用来衡量材料的耐磨性，可通过摩擦磨损试验获取。

图 6-89　定义接触关系

图 6-90　定义摩擦

图 6-91　定义热传系数

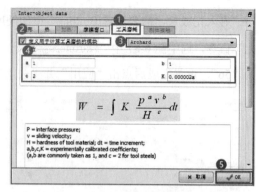

图 6-92　定义工具磨耗

设置完成后点击"OK"按钮退出至图 6-89 所示界面。完成第一个接触面的接触关系定义后，第二个接触面的接触关系定义与第一个接触面一致，点击图 6-89 上的"应用到所有"按钮，第一个接触面的接触关系被复制到第二个接触面。完成后点击"全部产生"按钮，设置完成的接触关系应用至接触面上。

6.2.3.4　定义停止控制与步数

完成坯料与模具位置关系与接触关系的设置后，需要调整冷锻过程的停止控制与步数设置。在冷锻过程中的停止控制可参考热锻过程，其具体操作设置可采用热锻过程中的操作步骤，具体参考 6.2.1.7 小节。在冷锻中，需要将 6.2.1.7 小节热锻过程中的"X"轴的距离值 27mm 修改为 28mm。

由于网格在热锻模拟过程中发生变形，因此在冷锻模拟过程中需要根据坯料最小网格尺寸重新设置"模具位移"的步增量，如图 6-93 与图 6-94 所示。"计算步数"设置为"20"，"每隔多少步储存"设置为"1"，"模具位移"的步增量设置为"0.9"。完成后检查数据、生成"DB"文件并退出冷锻的前处理设置，在 Deform 主窗口中提交"DB"文件进行求解。

图 6-93　设置步数

图 6-94　设置步增量

6.2.4　模具磨损后处理

在 Deform 主窗口的"Post Processor"选项中选择"2D/3D 后处理"进入后处理界面。单击"　"将模拟调至最后一步并将 Bottom Die 单独显示。点击"　"进入状态变量设置界面，如图 6-95 所示。在变量对话框选择"分析"—"工具磨损"—"磨损深度（累积）"后单击"应用"，Bottom Die 的磨损结果如图 6-96 所示。

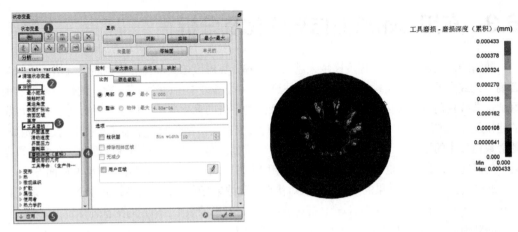

图 6-95　状态变量　　　　　　　　　　　　图 6-96　求解结果

如图 6-97 所示，点击"工具寿命（生产件数）"，可预测当前模具的使用寿命，点击" "
按钮设置"模具寿命准则"。如图 6-98 所示，设置完成后点击"应用"，其预测结果如图 6-99
所示。完成后点击"OK"退出该功能。

 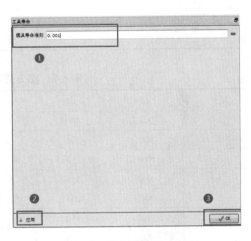

图 6-97　工具寿命　　　　　　　　　　　　图 6-98　输入模具寿命准则

图 6-99　工具寿命结果

6.3　车用齿轮热锻仿真优化及分析

随着经济快速发展，工程规模越来越大，工程计算难度增大，计算量也随之猛增，专家学者们一直致力于探索更加科学、便捷的方法进行工程计算。响应面法（RAM）的优点是能够很好解决非线性问题的优化问题，它为解决复杂结构系统的优化分析提供了一种行之有效的可靠的建模及计算方法。响应面法最初的应用是讨论如何在实体试验的数据上建立科学的近似函数。随着数值技术的进步，计算机数值模拟同样出现了类似实体试验的数据处理难题，在面对数据处理的问题上，数值试验和物理试验有很多相同点，因此计算机模拟必然可以用响应面方法。

通过对上述有限元结果的分析，选取对仿真试验结果有影响的工艺参数进行分析，选取坯料加热温度（x_1）、模具预热温度（x_2）、挤压速度（x_3）和摩擦系数（x_4）为变量进行模拟试验，对模具的磨损深度（y_1）与工具寿命（y_2）进行研究。因素与水平及模拟结果见表 6-1、表 6-2。

表 6-1　因素与水平

水平	因素			
	x_1：坯料加热温度/℃	x_2：模具预热温度/℃	x_3：挤压速度/（mm/s）	x_4：摩擦系数
−1	800	150	1	0.1
0	900	250	5	0.12
1	1000	350	9	0.14

表 6-2　部分试验方案及模拟结果

编号	x_1	x_2	x_3	x_4	y_1	y_2
1	900	150	1	0.12	0.000316	7001
2	900	250	5	0.12	0.000396	3192
3	1000	250	1	0.12	0.000476	25455
4	1000	350	5	0.12	0.000383	6365
5	900	250	5	0.12	0.000396	3192
6	1000	150	5	0.12	0.000332	11054
7	900	350	1	0.12	0.000559	4150
8	900	250	9	0.1	0.000353	4545
9	900	350	5	0.1	0.000653	5130
10	800	250	1	0.12	0.000312	1973
11	800	250	5	0.14	0.000461	2612
12	1000	250	9	0.12	0.000470	25044
13	1000	250	5	0.1	0.000440	2968
14	800	250	5	0.1	0.000481	2212
15	900	250	1	0.1	0.000338	4446

响应面法（RAM）是通过试验设计方法确定试验点再进行相应的试验，对获取的试验结果通过数学分析建立响应曲面模型，实现对非试验点的响应值的预测。可以通过响应面图直观分析变量与目标之间的关系，在工程应用中，通常采用二阶响应曲面模型来减少优化过程的工作量，缩短计算的时间。

　　根据所得模拟试验结果，建立变量与目标之间的数学表达式。关于模具的磨损深度的数学表达式，如式（6-1）所示：

$$y_1 = 5.06361 \times 10^{-3} - 6.78771 \times 10^{-6} x_1 - 9.47688 \times 10^{-6} x_2 + 6.26042 \times 10^{-5} x_3 - 9.61667 \times 10^{-3} x_4$$
$$+ 1.145 \times 10^{-8} x_1 x_2 - 7.0625 \times 10^{-8} x_1 x_3 + 3 \times 10^{-6} x_1 x_4 - 4.4375 \times 10^{-8} x_2 x_3 - 2.85 \times 10^{-5} x_2 x_4$$
$$+ 2.5 \times 10^{-4} x_3 x_4 + 2.09583 \times 10^{-9} x_1^2 + 6.29583 \times 10^{-9} x_2^2 - 1.18229 \times 10^{-6} x_3^2 + 0.053333 x_4^2$$

$$(6\text{-}1)$$

　　为了验证试验结果的可靠性，需要对函数模型进行检验，检验各因素及其交互作用影响的显著性，所以使用方差分析对上述响应面模型进行显著度分析及模型回归的分析。如图6-100所示，模拟值与预测值分布相近。为了直观反映变量与目标函数之间的关系，根据方差分析结果绘制目标响应函数的三维响应面曲线图，如图6-101所示。该模型的三维响应面曲线图的预测结果呈两侧高中间低的趋势，坯料加热温度与模具预热温度对目标响应函数的影响较大且两者之间相互作用。为了获得目标响应函数极小值，当一个变量值增大时另一个变量值需要减小。根据响应面预测的结果取极小值点的工艺参数组合，将多个工艺参数组合重新代入至 Deform 分析，通过软件分析获取最优工艺参数组合。

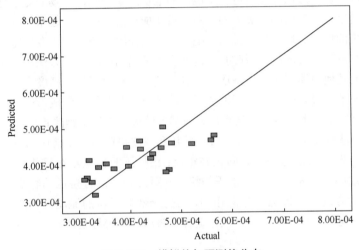

图 6-100　模拟值与预测值分布

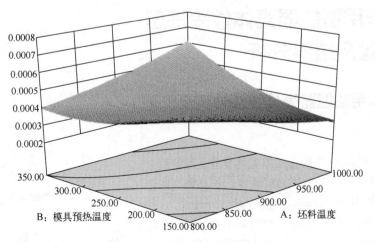

图 6-101　三维响应面图

第 7 章

冷挤压成形仿真及分析

7.1 冷挤压成形特点及工艺简介

随着人们环境保护意识以及不可再生能源的危机意识增强，市场的竞争越来越激烈，为了满足汽车高速度和轻量化的发展方向，对冷挤压成形技术的要求越来越高。冷挤压是在室温下通过压力机的作用对坯料进行轴向压缩，使金属在给定的模具中发生塑性变形，达到所需零件的尺寸与形状，将坯料从型腔孔或者冲头中挤出的一种加工方法。冷挤压可以达到一次成形，不需要其他后续加工。冷挤压工艺具有效率高、消耗低、精度高、后期处理简单等特点。冷挤压技术是最先进的金属塑性变形方法之一，在车用零件成形中发挥着重要作用，可以使以前工序较多、生产效率较低和原材料消耗较大的不足得到改善。

冷挤压的方法有反挤压、正挤压、复合挤压和径向挤压等。反挤压的特点是在挤压过程中坯料的流动方向与凸模运动的方向正好相反；正挤压的特点是在挤压过程中坯料的流动方向与凸模运动的方向相同，与反挤压的特点正好相反；复合挤压的特点是挤压过程中坯料的一部分流动方向与凸模运动方向相同，而另一部分坯料的流动方向与凸模运动的方向相反；径向挤压是一种正挤压方法，但是这种正挤压的变形程度比较小，毛坯的截面只做轻微的减缩。

7.2 车用蓄能器壳体件冷挤压仿真试验及结果分析

7.2.1 车用蓄能器壳体特性分析及工艺简介

如图 7-1 所示，该车用蓄能器壳体零件是深筒铝合金蓄能器壳体零件，其主体为旋转体，长直壁，底部有一凸台，直径 $\phi=27mm$，总高 $H=120mm$，大径 $D=68.2mm$，小径 $d=57.0mm$，材料 AA6061 铝合金。该零件使用冷镦复合挤压实现零件底面凸台成形以及

图 7-1 车用蓄能器壳体零件三维模型

壳体内腔的成形。

本章主要针对一种车用蓄能器壳体零件进行冷温挤压成形仿真模拟及工艺参数优化。但实际车用蓄能器壳体零件成形由多种加工工艺综合制造，本章仅针对其挤压部分进行相应的仿真试验分析。

7.2.2　初始设置（冷挤压）

进入 DEFORM V12.0 软件后，点击菜单栏新建问题，在弹出的"问题设定"界面，选择"2D/3D Pre ★"模块，单位选择"公制"，如图 7-2 所示，点击"Next"按钮进行下一步。在弹出的"问题设定"窗口中选择"在当前选定目录下"选项，如图 7-3 所示，点击"Next"按钮进行下一步，将"问题名称"改为"Cold extrusion"，如图 7-4 所示，点击"Finish"按钮。

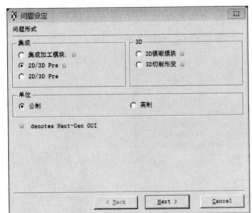

图 7-2　问题形式界面图　　　　图 7-3　问题位置界面图

图 7-4　问题名称界面图

进入前处理界面后，在弹出的"新问题"界面，将"尺寸"选择为"3D"，"单位系统"选择为"SI 单位"，点击"OK"按钮，如图 7-5 所示。

图 7-5　新问题界面图

在右下角的"模拟控制"界面，在"模式"中选择"变形"选项，将"热传"选项关闭，如图 7-6 所示，点击下一步，在弹出的"材料列表"界面继续点击"下一步"。

图 7-6　模拟控制界面图

进入"物件"界面，点击三次 ✚ 按钮，分别添加"Workpiece""Top Die""Bottom Die"，如图 7-7 所示，点击下一步。进入"Workpiece"界面，将"物件温度"设置为"20℃"，其他保持默认，如图 7-8 所示，点击"下一步"。

图 7-7　工部件设置界面图

图 7-8　坯料设置界面图

点击"Workpiece"中的"几何",点击 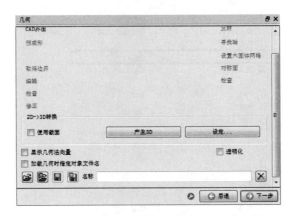,如图 7-9 所示,在弹出的读取文件对话框中找到"Workpiece.STL"并加载此文件,如图 7-10 所示。导入后界面如图 7-11 所示。

图 7-9   几何界面图

图 7-10   导入图形界面图

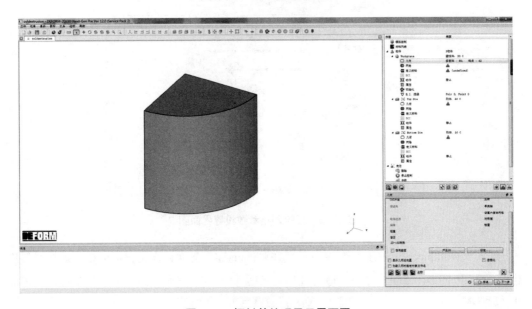

图 7-11   坯料前处理显示界面图

点击"Workpiece"中的"网格"，如图 7-12 所示。在对话框中设置"单元数目为 32000"，点击"产生网格"，如图 7-13 所示，再点击"下一步"。

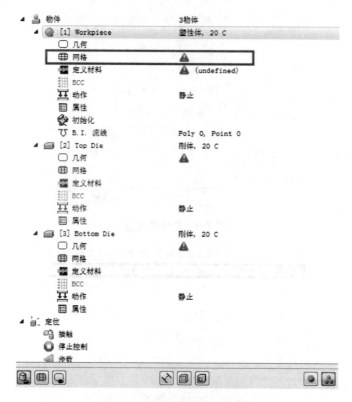

图 7-12　坯料网格设置界面图

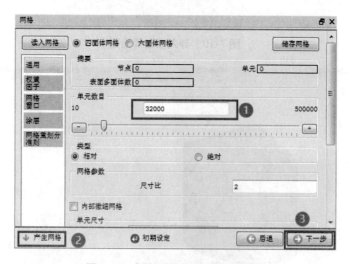

图 7-13　坯料网格参数设置界面图

进入"Workpiece"中的"定义材料"，在"material"界面，点击 按钮，选择材料库中的"AL-6061-T4，COLD[70F（20C）]"，如图 7-14 所示，点击"载荷"按钮加载。在界面中点击"AL-6061-T4，COLD[70F（20C）]"，再点击"下一步"。

图 7-14　材料数据库界面图

进入"Workpiece"中的"BCC"，由于此次成形坯料为旋转对称零件，所以使用零件的 1/4 进行模拟，因此需要设置边界条件，点击"对称面"，选择坯料的对称面再点击 ⊞ ，如图 7-15 所示。将两个对称面都选择添加以后，点击"下一步"，界面显示如图 7-16 所示。

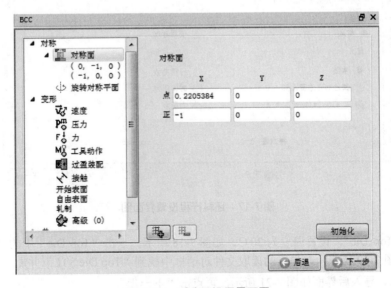

图 7-15　对称面设置界面图

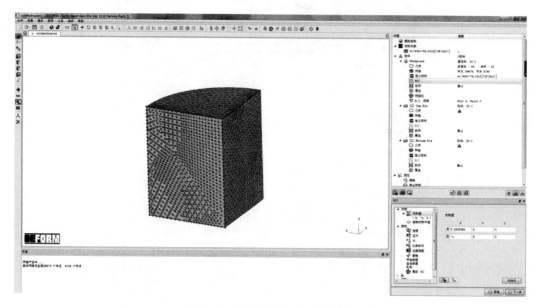

图 7-16　对称面选取显示界面图

　　进入"动作"界面，如图 7-17 所示。由于坯料在成形过程中不需要像凸模一样进行位移设定，因此常数值设置为 0。

图 7-17　坯料行程设置界面图

　　点击"Top Die"，设置温度为 20℃，如图 7-18 所示。点击"Top Die"中的"几何"，点击 ，如图 7-19 所示，在弹出的读取文件对话框中找到"Top Die.STL"并加载此文件，如图 7-20 所示。导入后界面如图 7-21 所示，再点击"下一步"。

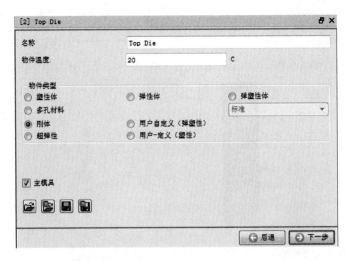

图 7-18　凸模温度设置界面图

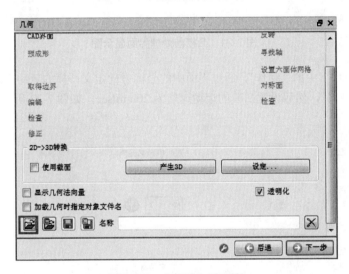

图 7-19　几何导入界面图

图 7-20　导入图形界面图

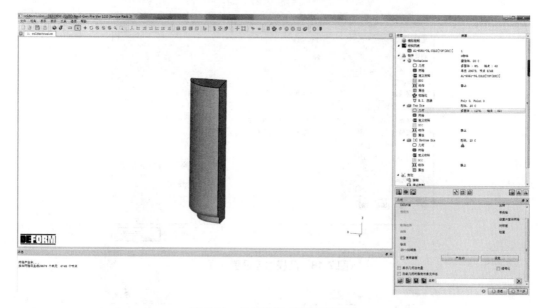

图 7-21　凸模前处理界面显示图

　　进入"Top Die"中的"动作"，通过界面中的坐标方向定义凸模的运动方向，首先定义凸模运动方向为"-Z"，然后设置凸模的运动速度为 20mm/sec，如图 7-22 所示。

图 7-22　凸模运动设置图

　　进入"Bottom Die"界面，将"物件温度"设置为"20℃"，其他保持默认，如图 7-23 所示，点击"下一步"。
　　点击"Bottom Die"中的"几何"，点击 📂，如图 7-24 所示，在弹出的读取文件对话框中找到"Bottom Die.STL"并加载此文件，如图 7-25 所示。导入后界面如图 7-26 所示。

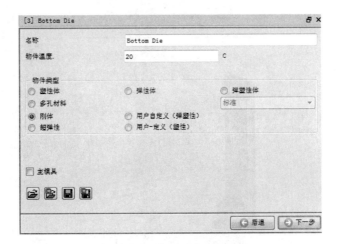

图 7-23 凹模温度设置界面图

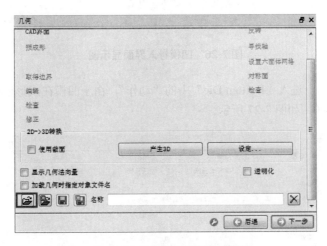

图 7-24 凹模导入几何界面图

图 7-25 导入图形界面图

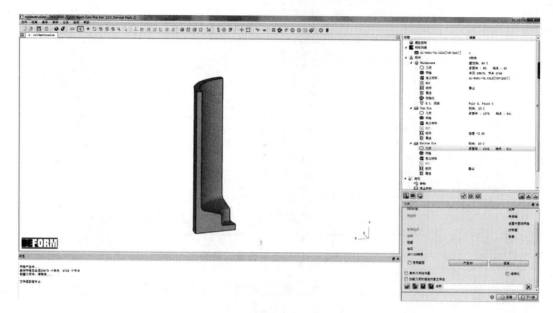

图 7-26　凹模导入界面显示图

点击"下一步",进入"Bottom Die"中的"动作",由于凹模在成形过程中是固定状态,因此常数值设置为 0,如图 7-27 所示。

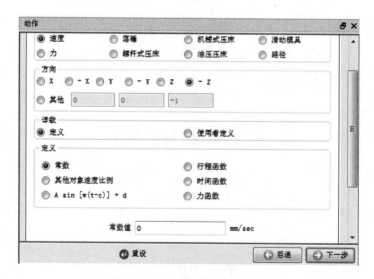

图 7-27　凹模运动设置界面图

以上步骤已将坯料、凸模和凹模的材料,网格以及位移方向等设置完成。接下来设置坯料、凸模和凹模之间的位置关系与摩擦条件以及模具运动步数与停止条件等。

点击"定位",如图 7-28 所示。在显示的"定位"界面中点击"定位物件",如图 7-29 所示,进入"定位物件"对话框中,设置定位物件为"Workpiece",参考为"Bottom Die",点击应用,如图 7-30 所示。继续设置定位物件为"Top Die",参考为"Workpiece",点击应用,点击"OK",如图 7-31 所示。

图 7-28　定位设置界面图

图 7-29　定位物件界面图

图 7-30　干涉设置界面图（一）

图 7-31　干涉设置界面图（二）

　　点击"接触"，在"接触"对话框中点击"添加默认关系"，如图 7-32 所示。在"添加默认关系"对话框中点击 ，如图 7-33，进入对话框中先选择"shear"，然后设置摩擦系数"定值"为 0.12，点击"OK"，如图 7-34 所示。进入图 7-33 界面中点击"产生"，由于冷挤压中坯料与凸凹模的摩擦系数相同，因此点击"应用到所有"，点击"下一步"。

图 7-32　摩擦接触设置界面图

图 7-33　摩擦系数设置界面图

图 7-34　摩擦系数定值设置界面图

　　点击 进入"停止控制"界面中，如图 7-35 所示，通过凸模与凹模之间的距离为控制模具停止条件，点击"模具距离"，选择"参照 1"为"Top Die"，"参照 2"为"Bottom Die"，设置凸凹模在 Z 轴上的距离为 0，如图 7-36 所示。

　　点击"下一步"，进入"步数"界面，设置步数为 50 步，每隔 5 步保存，如图 7-37 所示。点击"下一步"，设置步长为 1.14mm/sec，如图 7-38 所示。

　　点击"下一步"，进入"产生 DB"界面，点击"检查数据"，如图 7-39 所示。界面显示"数据文件可以产生"，如图 7-40 所示，点击"产生 DB 文件"，界面显示"数据文件已产生"，如图 7-41 所示。点击界面上方 ，退出前处理界面。

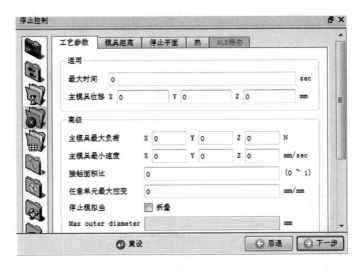

图 7-35 停止控制界面图

图 7-36 凸凹模距离设置界面图

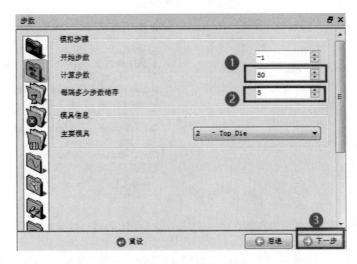

图 7-37 步数设置界面图

图 7-38　步长设置界面图

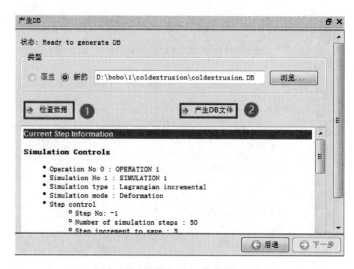

图 7-39　产生 DB 界面图

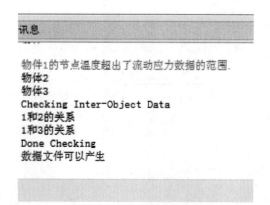

图 7-40　数据文件信息界面图

图 7-41　数据文件产生界面图

产生 DB 文件后，点击 ▶ 提交运算，如图 7-42 所示。在模拟完成后点击"2D/3D 后处理"，如图 7-43 所示，进入 DEFORM V12.0 后处理，如图 7-44 所示。

图 7-42 提交运算界面图

图 7-43 后处理进入界面图

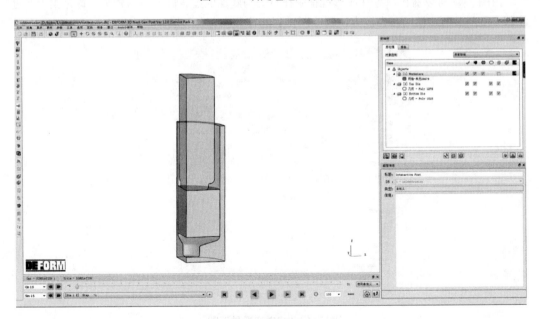

图 7-44 后处理显示界面图

通过下方设置选择调整所需步数，如图 7-45 所示。在观察坯料成形变化时，可在右边对话栏中点击 ，在界面中只显示坯料便于更好地观察，如图 7-46 所示。

图 7-45　工步显示界面图

图 7-46　后处理对象控制界面图

在界面左边对话栏中点击 ◉，显示"状态变量"对话框，点击 ◉，选择分析研究所需的变量，选择"变形"中"应力"的"等效"，如图 7-47 所示，点击"应用"，界面显示如图 7-48 所示。

由图 7-48 可以看出，零件成形过程中在直壁与底部的过渡部分应力较大，这是由于在过渡部分受凸模与凹模的压力较大，因此所受到的等效应力大于零件其他部位。

图 7-47　状态变量界面图

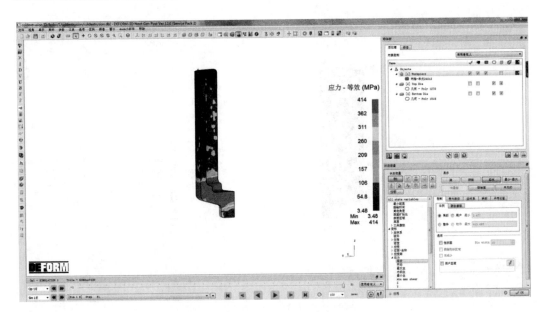

图 7-48　等效应力云图

选择"变形"中"应变"的"等效"，点击"应用"，如图 7-49 所示。由图 7-49 可以看出，在零件内部圆角处部分应变较大，直壁与圆角相接部分应力也相对较大。

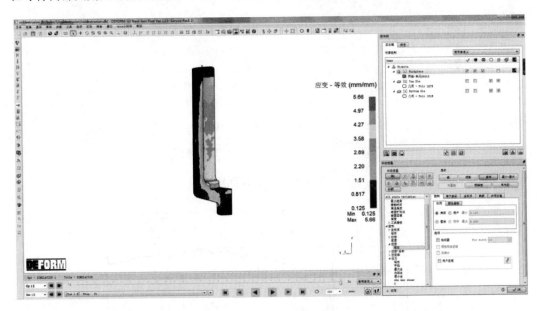

图 7-49　等效应变云图

选择"破坏"，点击"应用"，如图 7-50 可以看出，在零件凸台圆角处破坏值较大，这是由于凸台圆角处成形较为困难，材料流动性差。

在界面左边任务栏点击 ![icon]，可以查看凸模运动载荷曲线，可以查看零件成形中任意步数的载荷以及成形过程中的最大载荷，如图 7-51 所示，点击"绘图"，即可绘出载荷曲线图，如图 7-52 所示。

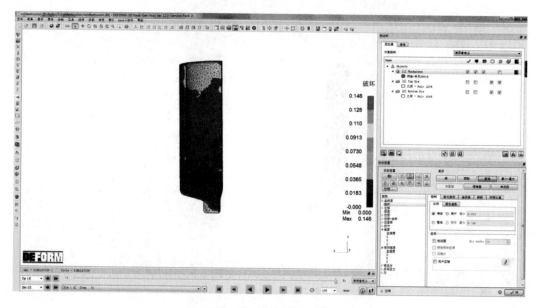

图 7-50　零件破坏云图

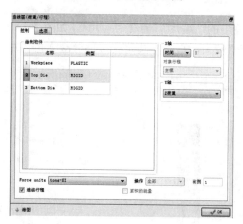

图 7-51　控制界面图

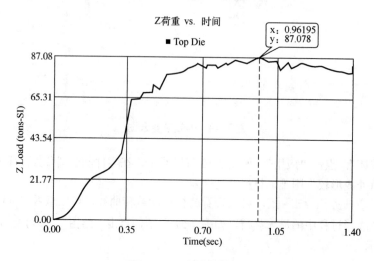

图 7-52　时间-载荷图

7.2.3　温挤压热传导工序设置

进入 DEFORM V12.0 软件后，点击菜单栏新建问题，在弹出的"问题设定"界面，选择 "2D/3D Pre ☆"模块，单位选择"公制"，如图 7-53 所示，点击"Next"按钮进行下一步。在弹出的"问题设定"窗口中选择"其他位置"选项，选择储存目录。如图 7-54 所示，点击"Next"按钮进行下一步，将"问题名称"改为"XNK"，如图 7-55 所示，点击"Finish"按钮。

进入"物件"界面，连续点击三次 ➕ 按钮，分别添加"Workpiece""Top Die""Bottom Die"，如图 7-56 所示，点击下一步。进入"Workpiece"界面，将"物件温度"改为"200℃"，其他保持默认，如图 7-57 所示，点击"下一步"。

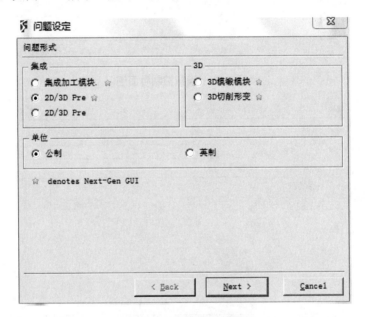

图 7-53　问题设定界面图

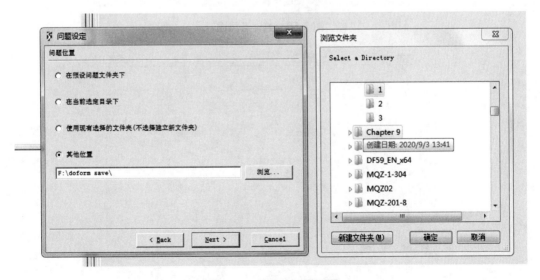

图 7-54　储存路径界面图

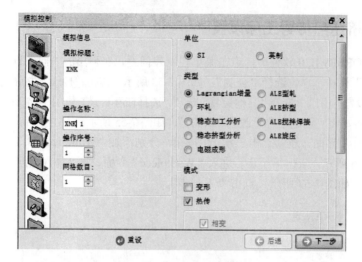

图 7-55 模拟控制界面图

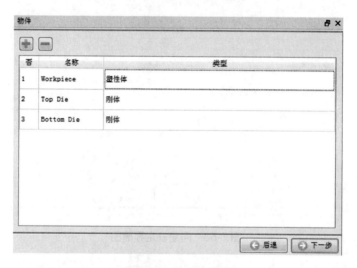

图 7-56 物件选择图

图 7-57 零件温度设置界面图

点击"Workpiece"中的"几何"，点击 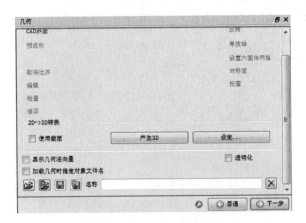，如图 7-58 所示，在弹出的读取文件对话框中找到"Workpiece.STL"并加载此文件，如图 7-59 所示。

图 7-58　几何零件添加图

图 7-59　零件选择路径图

点击"Workpiece"中的"网格"，将单元数目设置为"32000"，点击"产生网格"按钮，如图 7-60 所示，在弹出的对话框界面点击"Yes"，点击"下一步"。

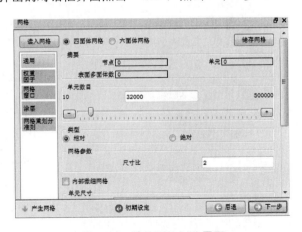

图 7-60　零件网格划分界面

进入"Workpiece"中的"定义材料",在"material"界面,点击 按钮,选择材料库中的"AL-6061-T4,COLD[70F(20C)]",如图 7-61 所示,点击"载荷"按钮加载。在界面中点击"AL-6061-T4,COLD[70F(20C)]",再点击"下一步"。

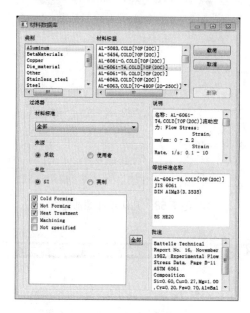

图 7-61　材料数据库界面图

进入"BCC"界面,由于此次成形坯料使用 1/4 进行模拟,因此需要设置边界条件,点击"对称面",选择坯料的对称面再点击 ,如图 7-62 所示。将两个对称面都选择添加以后,点击"与环境热交换"按钮,选择热交换面(包括毛坯的上下和圆柱外面),如图 7-63 所示,再点击 ,完成热交换面的添加。

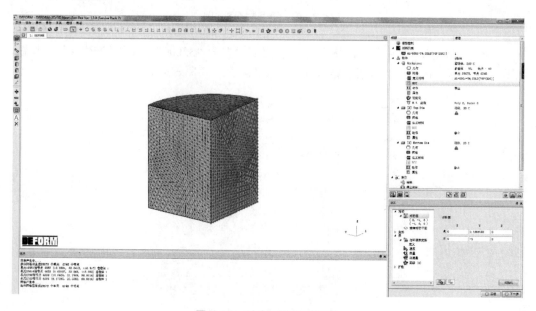

图 7-62　对称面添加界面图

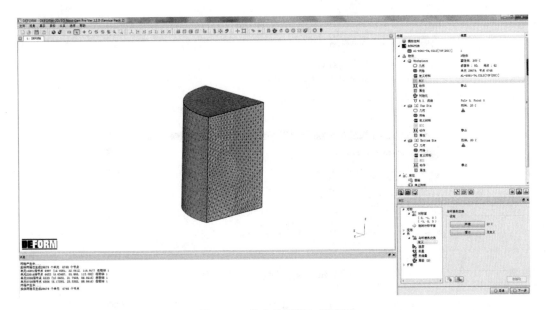

图 7-63　热交换面添加界面图

点击"定位"中的"步数"，将"计算步数"设置为"50"，"每隔多少步数储存"改为"10"，模具信息中"主要模具"改为"Workpiece"，如图 7-64 所示。点击 ，将"求解步定义"改为"时间"，"步数增量控制"改为"0.2"，如图 7-65 所示。

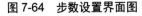

图 7-64　步数设置界面图

图 7-65　步长设置界面图

点击"下一步"进入"产生 DB"，如图 7-66 所示，点击"检查数据"，界面显示"数据文件可以产生"，如图 7-67 所示。点击"产生 DB 文件"，界面显示"数据文件已产生"，如图 7-68 所示。

退出前处理界面，进入数据处理界面，点击"执行"，进行数据处理，如图 7-69 所示。模拟完成后，点击如图 7-70 中的"2D/3D 后处理"，进入后处理界面。

点击后处理界面左边任务栏的 ，在"step"窗口选择最后一步（50），如图 7-71 所示，得到坯料热传导的温度变化。

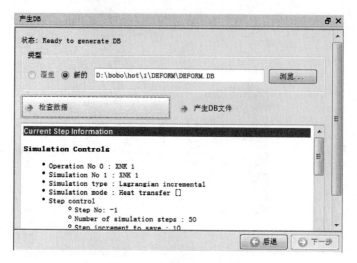

图 7-66　检查数据文件界面图

图 7-67　产生 DB 文件信息界面图　　　　　图 7-68　数据文件产生信息界面图

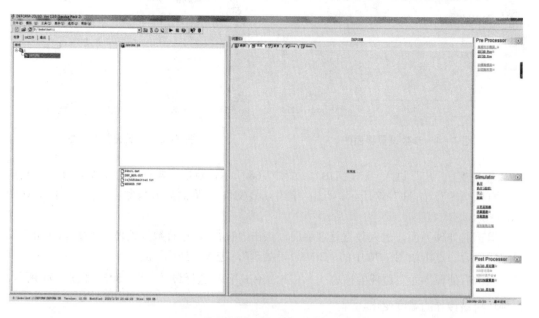

图 7-69　前处理界面图

图 7-70　后处理窗口图

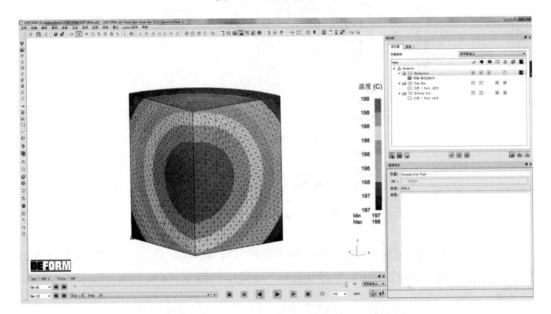

图 7-71　坯料温度云图

完成后进入 DEFORM V12.0 页面点击"2D/3D Pre",如图 7-72 所示。在显示的对话框中选择第 50 步,作为下一步操作的初始状态,如图 7-73 所示。

图 7-72　前处理界面图　　　　　　　　　图 7-73　步数选择图

进入前处理界面，对"Bottom Die"进行定义。由于坯料与凹模解除过程中有热量传递，因此需要对凹模进行网格划分，点击"网格"将"Bottom Die"网格数划分为 32000，点击"产生网格"，点击下一步，如图 7-74 所示。

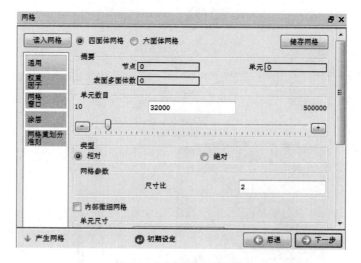

图 7-74　网格划分界面图

设置凹模材料，点击 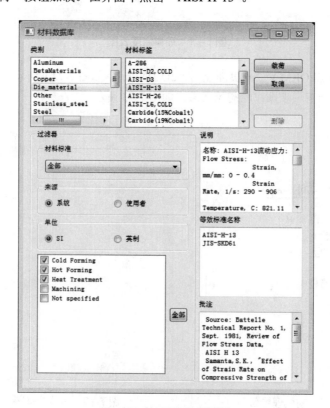 按钮，选择材料库中的"Die material"的"AISI-H-13"，如图 7-75 所示，点击"载荷"按钮加载。在界面中点击"AISI-H-13"。

图 7-75　材料选择界面图

进入"BCC"界面，由于此次成形模具使用 1/4 进行模拟，因此需要设置边界条件，点击"对称面"，选择坯料的对称面再点击 ，如图 7-76 所示。将两个对称面都选择添加以后，点击"与环境热交换"按钮，选择热交换面（除对称面），如图 7-77 所示，再点击 ，完成热交换面的添加。

图 7-76 零件对称面添加图

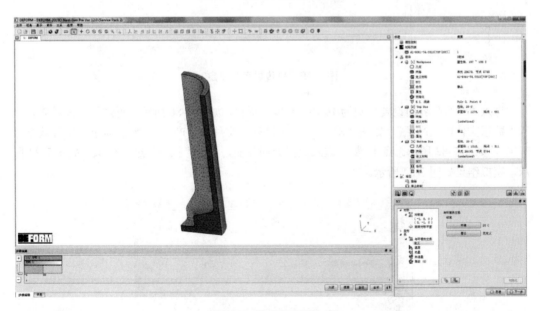

图 7-77 热交换面添加图

下一步进入"物件定位"，由于凹模并不需要发生位移，因此不需要定义速度及位移方向，点击"下一步"，进入"接触"界面，选择"Bottom Die"一栏，点击"编辑"，如图 7-78 所示。进入"Inter-object data"界面，选择"热"一栏，定值设定为 0.0003，点击"OK"，如图 7-79 所示。

图 7-78　接触面条件设置图

图 7-79　热传导系数设定

进入"步数"界面设置步数为 10 步，5 步一保存，如图 7-80 所示。再进行数据检查，显示"数据文件可以产生"，如图 7-81 所示，再进行"文件数据产生"，界面显示"文件数据已产生"，如图 7-82 所示。点击 █，进入数据处理界面，点击"执行"进行模拟，如图 7-83 所示，模拟结果如图 7-84 所示。

图 7-80　步数设置界面图

讯息	讯息
Checking Object Data 物体1 物体2 物体3 Checking Inter-Object Data 1和2的关系 1和3的关系 Done Checking 数据文件可以产生	实际数组大小：需求 3250169，分配 3250169 整数数组大小：需要886392，分配886392 Generating Simulation Controls Generating Material Properties Generating Object Data Generating Inter-Object Data Generating Inter-Material Data Writing Database Done Writing Database 数据文件已产生

图 7-81 文件可以产生信息图   图 7-82 文件已产生信息图

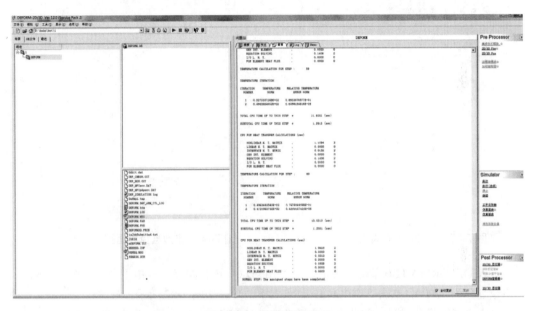

图 7-83 前处理界面图

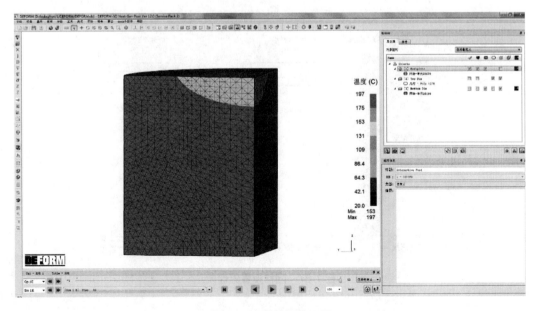

图 7-84 零件温度云图

坏料与模具传热模拟完成后，继续进行零件温挤压模拟。进入 DEFORM V12.0 页面点击"2D/3D Pre"，如图 7-85 所示。在显示的对话框中选择第 60 步作为下一步操作的初始状态，如图 7-86 所示。

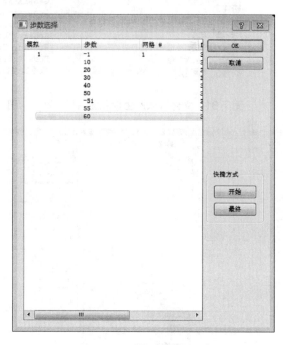

图 7-85　2D/3D Pre 设置　　　　　图 7-86　步数选择界面图

进入 DEFORM V12.0 前处理界面，对"Top Die"进行定义，点击"网格"将"Top Die"网格数划分为 32000，点击"产生网格"，点击下一步，如图 7-87 所示。对材料进行定义，由于之前定义了凹模的材料，因此直接选择"AISI-H-13"，点击"下一步"，如图 7-88 所示。

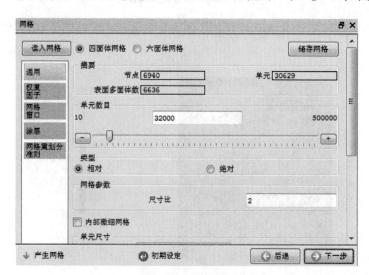

图 7-87　网格设置界面图

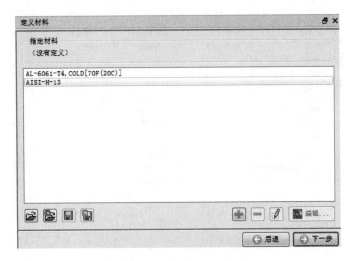

图 7-88　零件材料定义图

进入"BCC"界面，由于此次成形模具使用 1/4 进行模拟，因此需要设置边界条件，点击"对称面"，选择凸模的对称面再点击 ，如图 7-89 所示。

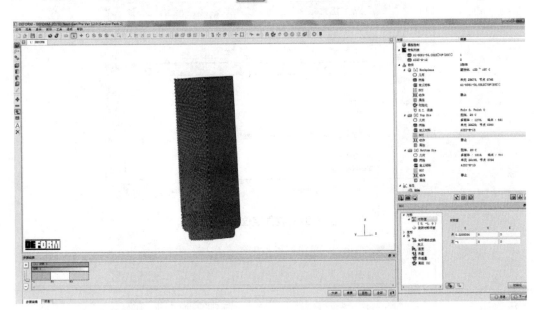

图 7-89　零件对称面添加图

进入"Top Die"中的"动作"，通过界面中的坐标方向定义凸模的运动方向，定义凸模运动方向为"-Z"，设置凸模的运动速度为 20mm/sec，如图 7-90 所示。

进入"定位"界面，在显示的"定位"界面中选择"干涉"，点击"定位物件"，进入"物件定位"对话框中，设置定位物件为"Workpiece"，参考为"Bottom Die"，点击应用。继续设置定位物件为"Top Die"，参考为"Workpiece"，点击应用，点击"OK"，如图 7-91 所示。

进入"接触"界面，选择"Bottom Die"一栏，点击"编辑"，设置摩擦系数为 0.25，点击"产生"，点击"应用到所有"，点击"下一步"，如图 7-92 所示。

图 7-90　凸模速度设置界面图

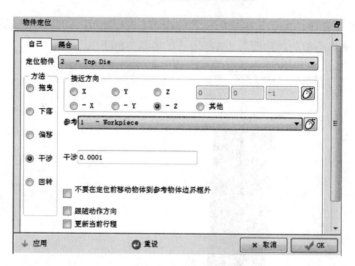

图 7-91　物件定位界面图

图 7-92　接触条件设置界面图

　　进入"停止控制"界面，设置计算步数为50步，每5步保存，如图7-93所示。进入步数界面选择"模具位移"，经过计算将"步数增量控制"设置为1.14mm/step，如图7-94所示。再进行停止控制的设定，选择参照1为"2-Top Die"，参照2为"3-Bottom Die"，选择凸模表面一点到凹模表面一点的距离，根据零件图设定两点距离为16mm，点击"下一步"，如图7-95所示。

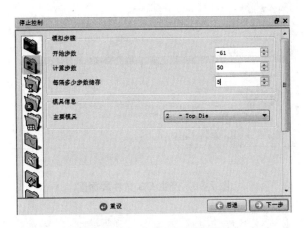

图7-93　步数设置界面图

图7-94　步长设置界面图

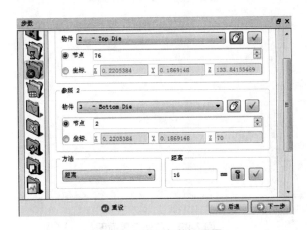

图7-95　停止条件设置图

　　点击下一步进入"产生 DB",如图 7-96 所示,点击"检查数据",界面显示"数据文件可以产生",如图 7-97 所示。点击"产生 DB 文件",界面显示"数据文件已产生",如图 7-98 所示。

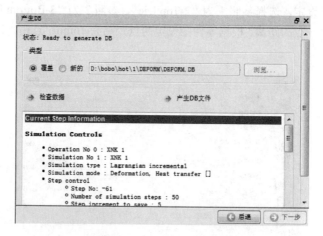

图 7-96　产生 DB 文件界面图

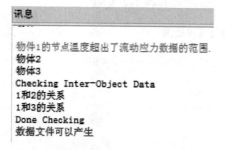

图 7-97　可以产生 DB 文件信息图　　　　　　图 7-98　已产生 DB 文件讯息图

　　点击 ▌,进入数据处理界面,点击"执行"进行模拟,如图 7-99 所示。

图 7-99　前处理界面图

模拟完成后进入后处理界面，在界面下方选择 step120，界面右方选择仅坯料可视，便于观察零件成形变化情况。点击后处理界面左边任务栏的 ，如图 7-100 所示，得到坯料热传导的温度变化。

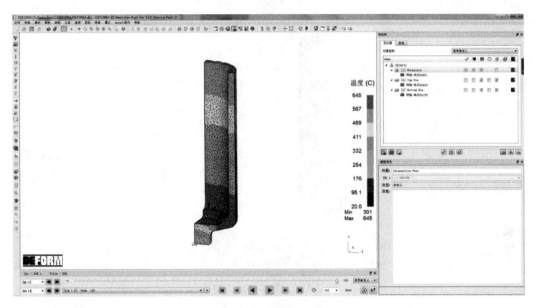

图 7-100　零件温度分布云图

　　在界面左边对话栏中点击 σ_T^ε，显示"状态变量"对话框，点击 ，选择分析研究所需的变量，选择"变形"中"应力"的"等效"，点击"应用"，界面显示如图 7-101 所示。由图 7-101 可以看出，零件成形过程中在直壁与底部的过渡部分应力较大，受凸模与凹模的压力较大，该部分的等效应力大于零件其他部位。

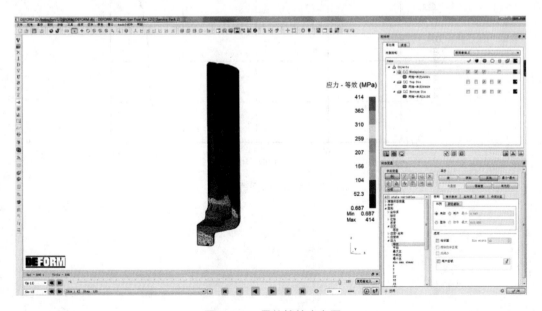

图 7-101　零件等效应力图

选择"变形"中"应变"的"等效",点击"应用",如图 7-102 所示。由图 7-102 可以看出,在零件内部圆角处部分应变较大,直壁与圆角相接部分应变也相对较大。

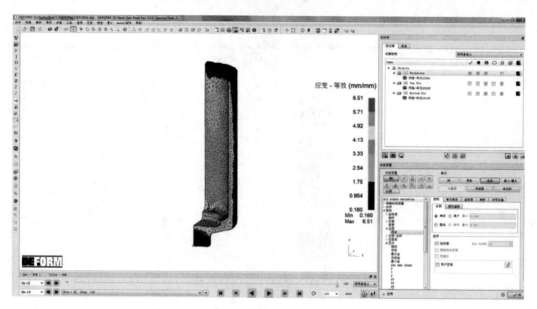

图 7-102　零件等效应变图

在界面左边任务栏点击 ,可以查看凸模运动载荷曲线,可以查看零件成形中任意步数的载荷以及成形过程中的最大载荷,点击"绘图",即可绘出载荷曲线图,如图 7-103 所示。

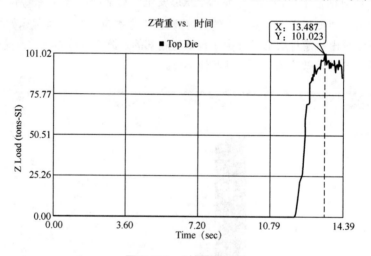

图 7-103　时间载荷图

第8章

热挤压成形仿真及分析

8.1 热挤压成形特点及工艺

热挤压是一种利用金属坯料在高温下的高塑性来实现大变形的成形方法，通过施加轴向力和径向力，将加热的金属坯料从模具中挤出并形成所需的产品。热挤压广泛应用于各种材料的加工，如铝合金、铜合金、钛合金、镁合金、钢等，制造出的产品形状可以是圆形、方形、椭圆形、六角形等各种形状，如管材、线材、型材、连杆、飞机零件等。

热挤压成形的成功取决于几个关键因素，包括材料性能、挤压参数和挤压模具的设计。正确选择材料性能，如化学成分、晶粒尺寸和微观结构，对于在最终组件中实现所需的性能至关重要。挤压参数，如温度、速度和压力，必须仔细控制，以获得所需的形状和尺寸。

挤压模具的设计也是热挤压成形成功的关键因素。模具的设计必须与所需的部件形状相匹配，其几何形状和表面粗糙度必须优化，以实现有效的材料流动和均匀变形。模具还需要足够坚固，以承受挤压过程中涉及的高压。

综上所述，热挤压成形是生产高精度、高强度和表面光滑的金属部件的一种通用而有效的方法。它涉及一系列定义明确的过程，包括材料选择、预热、加载、挤压、冷却和整理。

8.2 车用蓄能器热挤压仿真试验及结果分析

蓄能器作为液压系统的重要辅助部件，其作用是在适当的时间将系统中的能量转换为压缩能或势能储存起来，并在系统需要时补充供应系统。当系统压力瞬间增大时，蓄能器可以将这部分的能量吸收，以确保整个液压系统压力在正常的范围内。在压力冲击与压力脉动的非平衡惯性载荷等激励作用下，可能严重地破坏蓄能器壳体结构，缩减蓄能器寿命。因此，蓄能器壳体的加工质量是蓄能器产品研发的出发点与目标。

本章主要是通过蓄能器壳体零件的成形过程，让读者掌握热传导的分析和热成形分析。本章重点掌握以下内容：热传导分析的边界条件设置，多工序过程分析技术。此零件的成形工艺分析，需要很多工序，本章只讲解其中 3 个挤压工序。

主要工艺参数：几何体和工具均采用 1/4 对称体来分析。采用的单位：公制（SI）；坯料材料（Material）：ALUWINUM-6082[570-930F（300-500C）]；模具材料（Material）：AISI-H-13；坯料温度（Temperament）：300℃；模具温度（Temperament）：20℃；上模速度：30mm/s。

① 模拟 10s 内坯料从炉子到模具的热传递。这是从炉子里拿出来进行锻造之前，工件和空气之间进行的热交换。

② 对坯料停留于下模的 2s 时间进行模拟。这个过程也是一个热传递的模拟。

③ 进行热传递和锻造工艺共同进行的耦合分析过程。

8.2.1 创建一个新的问题

进入软件后，点击菜单栏新建问题，在弹出的"问题设定"界面，选择"2D/3D Pre ★"模块，单位选择"公制"，如图 8-1 所示，点击"Next"按钮进行下一步。在弹出的"问题设定"窗口中选择"在当前选定目录下"选项，如图 8-2 所示，点击"Next"按钮进行下一步，将"问题名称"改为"Energyaccumulator"，如图 8-3 所示，点击"Finish"按钮。

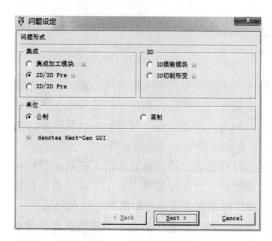

图 8-1　问题形式界面

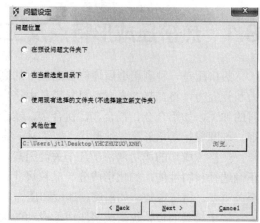

图 8-2　问题位置界面

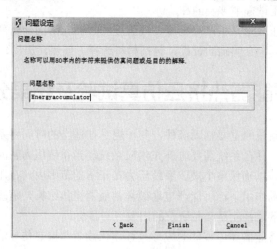

图 8-3　问题名称界面

进入前处理界面后，在弹出的"新问题"界面，将"尺寸"选择为"3D"，"单位系统"选择为"SI 单位"，点击"OK"按钮，如图 8-4 所示。

图 8-4　新问题设置界面

8.2.2　设置模拟名称及模式

在右下角的"模拟控制"界面将"模拟标题"改为"Forging"，"操作名称"改为"Transfer form Furnac"，在"模式"中取消"变形"选项，如图 8-5 所示，点击下一步，在弹出的"材料列表"界面，继续点击下一步。

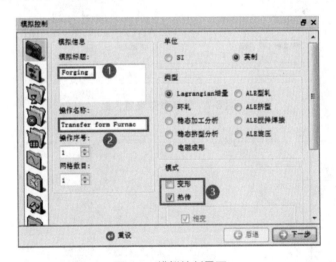

图 8-5　模拟控制界面

8.2.3　定义毛坯材料及模具几何模型

进入"物件"界面，点击三次 ![按钮] 按钮，分别添加"Workpiece""Top Die""Bottom Die"，如图 8-6 所示，点击下一步。进入"Workpiece"界面，将"物件温度"改为"300℃"，其他保持默认，如图 8-7 所示，点击下一步。

点击"Workpiece"中的"几何"，点击 ![图标]，如图 8-8，在弹出的读取文件对话框中找到"XNH-workpiece.STL"并加载此文件。

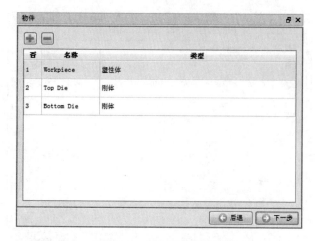

图 8-6　添加物件界面

图 8-7　坯料参数设置界面

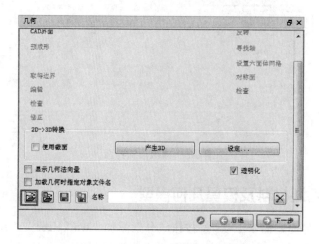

图 8-8　坯料几何模型导入界面

　　点击"Top Die"中"几何"，点击 ，如图 8-9，在弹出的读取文件对话框中找到"XNH-TopDie.STL"并加载此文件。

图 8-9　上模几何模型导入界面

点击"Bottom Die"中"几何"，点击 ![icon]，如图 8-10 所示，在弹出的读取文件对话框中找到"XNH-BottomDie.STL"并加载此文件。导入的几何体如图 8-11。

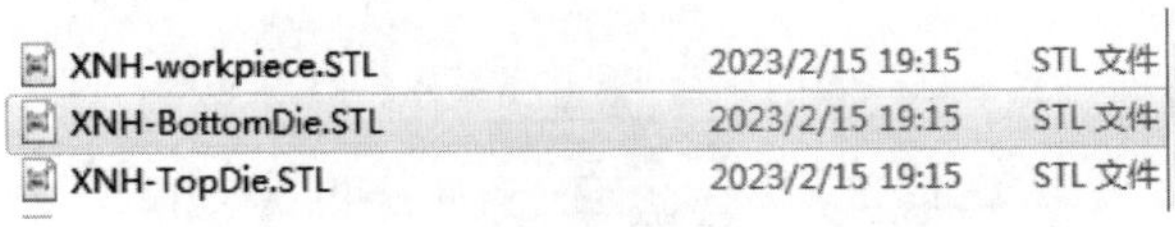

XNH-workpiece.STL	2023/2/15 19:15	STL 文件
XNH-BottomDie.STL	2023/2/15 19:15	STL 文件
XNH-TopDie.STL	2023/2/15 19:15	STL 文件

图 8-10　下模几何模型导入界面

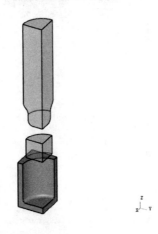

图 8-11　坯料模具几何示意图

点击"Workpiece"中的"网格"，将单元数目改为"10000"，点击"产生网格"按钮，如图 8-12 所示，在弹出的对话框界面点击"Yes"，点击"下一步"。

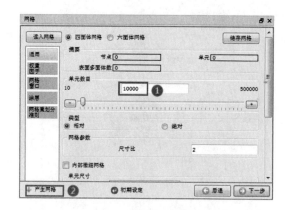

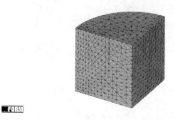

图 8-12　坯料网格划分界面及网格模型

　　进入"material"界面，点击 按钮，选择材料库中的"ALUWINUM-6082[570-930F（300-500C）]"，如图 8-13 所示，点击"载荷"按钮加载。在界面中点击"ALUWINUM-6082[570-930F（300-500C）]"，完成设置。

图 8-13　系统材料库界面

8.2.4　定义热边界条件

　　这是一个 1/4 对称体的一部分，所以在分析中，要通过边界条件的定义体现出来，因此要分析热问题，定义一热边界条件即可。因为所有的边界条件都是加载到节点和单元上，这一步必须对已经划分网格的物体才能操作。

　　进入"BCC"界面，点击"与环境热交换"按钮，选择热交换面（除对称面以外的物体面都是热交换面，在选择上述 3 个面的过程中，你不可能在一个视角内将 3 个面都找到，必须要在不同视角之间切换，可以利用旋转联合完成），如图 8-14 所示，再点击 ，完成热交换面的添加。

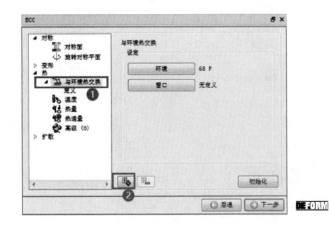
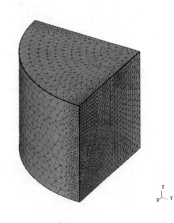

图 8-14　坯料热交换面界面

8.2.5　模拟控制参数设置

　　点击"定位"中的"步数"，将"计算步数"设置为"50"，"每隔多少步数储存"改为"10"，模具信息中"主要模具"改为"1-Workpiece"，点击 ，将"求解步定义"改为"时间"，"步数增量控制"改为"0.2"，如图 8-15 所示。

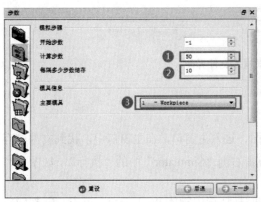

图 8-15　模拟控制及步数设置界面

8.2.6 检查生成数据库文件

点击"标题"中的"产生 DB"选项，继续点击"检查数据"，从左下角的信息框中出现"数字文件可以产生"（不必理会黄色文字"未定义接触关系"），继续点击"产生 DB 文件"，左下角的信息框出现"数据文件已产生"，如图 8-16 所示。

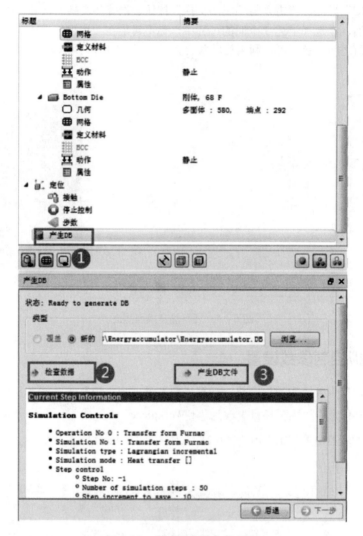

图 8-16　生成数据库文件界面

8.2.7　模拟和后处理

点击菜单栏中的 按钮，退出前处理界面，进入主窗口，在主窗口中，找到文件储存的位置（一般为默认），选中其中的 DB 文件，点击右侧"Simulator"中的"执行"，如图 8-17 所示。

模拟完成后，选择 2D-3D 后处理选项。此时默认选中物体 Workpiece，单击 按钮将只显示 Workpiece 一个图形。在 step 窗口选择最后一步（50），在变量中选择温度（Temperature），物体温度显示如图 8-18 所示。

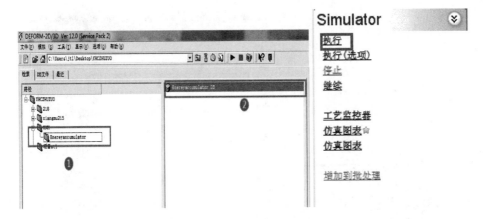

图 8-17　数据存储及模型运行界面

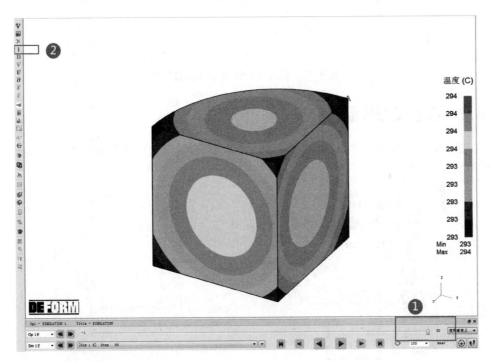

图 8-18　坯料温度

8.3　坯料与下模热传导工序

8.3.1　打开前处理文件

　　退出后处理界面，回到主窗口，在主窗口中找到前面分析获得的数据文件"Enereraccumulator. DB"，选中后选择"2D/3D Pre ☆"选项，然后在弹出的对话框中选择第50步，如图 8-19 所示（对于一个已经计算过的数据文件，在前处理打开时，会提示选择哪个时间步。如果是在原来的基础上接着计算，可以选择最后一步，如果计算问题想重新进行前处理，选择第一步。如有其他用途，选择其中的任何一个时间步）。

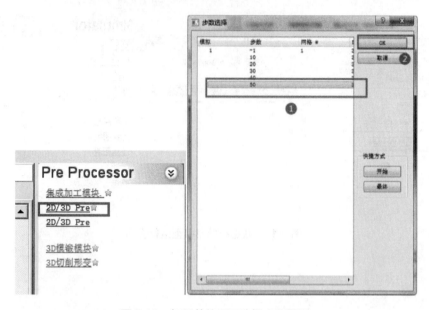

图 8-19　打开前处理及选择步数界面

8.3.2　设置模拟控制名称

在模拟控制选项中将"操作名称"改为"Dwell"，"操作序号"改成"2"，其他的选项保持默认，如图 8-20 所示。

图 8-20　模拟控制界面

8.3.3　定义上模

点击"Top Die"，将"物件温度"改为"20℃"（默认），如图 8-21 所示。点击"Top Die"中的"定义材料"，点击 按钮，选择材料库中的"Die material"中的"AISI-H-13"，如图 8-22 所示，点击"载荷"按钮加载。

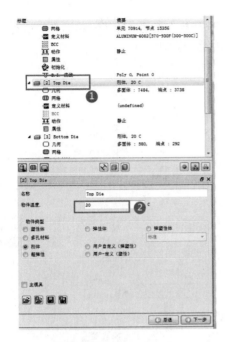

图 8-21　设置上模温度　　　　　　　　图 8-22　上模材料设置界面

8.3.4　定义下模

点击"Bottom Die"，点击 ⬤ ，只显示 Bottom Die，再点击"网格"，将"单元数目"改为"8000"，点击"产生网格"，在弹出的"预设的 BCC"对话窗口中点击"Yes"，如图 8-23 所示，点击下一步，在"定义材料"中选择"AISI-H-13"，点击"下一步"。

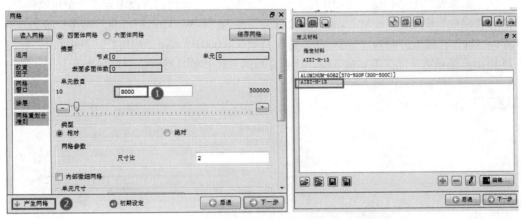

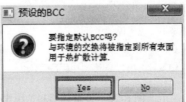

图 8-23　下模网格划分及材料选择

在"BCC"界面中点击"与环境热交换"按钮，选择热交换面（除了对称面外的所有面都要选中），如图 8-24 所示，再点击 ，完成热交换面的添加。

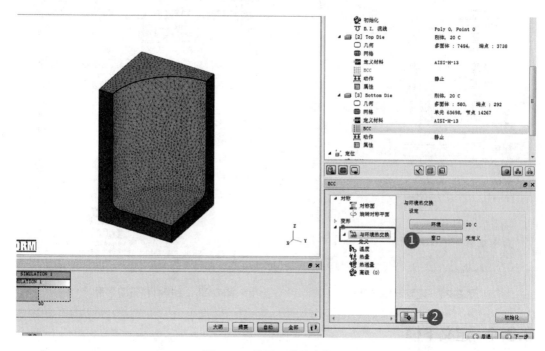

图 8-24　设置下模热交换面

8.3.5　调整工件位置

接下来需要对毛坯和模具进行定位，点击"定位"，在出现的界面中点击"定位物件"，在"物件定位"中选择"干涉"，将"定位物件"改为"1- Workpiece"，将"参考"改为"3-Bottom Die"，接近方向为"－Z"，干涉值保持默认 0.0001，点击"应用"，点击 OK，如图 8-25 所示，坯料将从上往下靠拢下模。设置完后的毛坯和模具形状如图 8-26 所示。

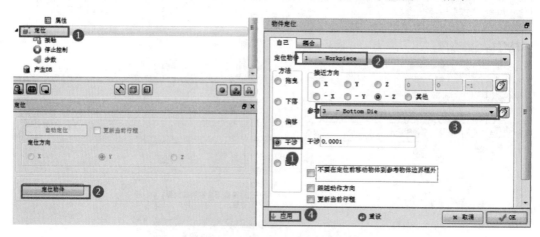

图 8-25　设置坯料和下模定位

图 8-26　设置完后的毛坯和模具形状

8.3.6　定义接触关系

点击下一步，来到"接触"界面，点击"添加默认关系"，在界面生成了两个接触关系，选中第二个关系"Bottom Die -（1）Workpiece"，点击后面的 ![按钮] 按钮，弹出定义对话框，在"热"界面中点击，选择"休止"，热传系数自动给定 0.5，如图 8-27 所示，点击 OK，点击"全部产生"。

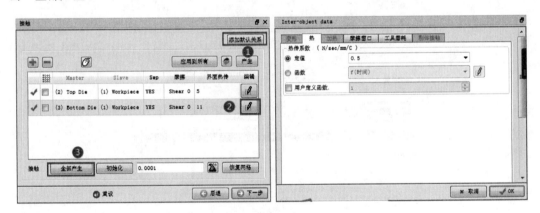

图 8-27　设置下模及坯料的热交换系数

8.3.7　设置模拟控制

接下来设置模拟控制，点击"定位"中的"步数"，将"计算步数"改为 10，"每隔多少步数储存"改为 5，模具信息中的"主要模具"改为"2- Top Die"，点击 ![按钮] 按钮，将"求解步定义"改为"时间"，"步数增量控制"改为"0.2"，如图 8-28 所示。

8.3.8　检查生成数据库文件

点击"标题"中的"产生 DB"选项，继续点击"检查数据"，继续点击"产生 DB 文件"，左下角的信息框出现"数据文件已产生"，如图 8-29 所示。

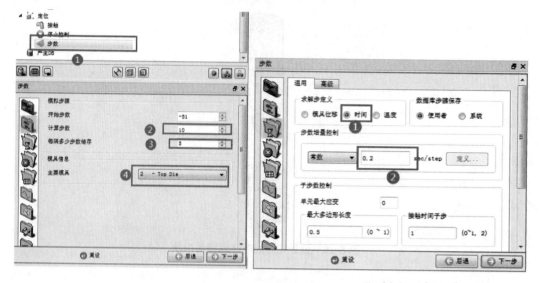

图 8-28　设置模拟控制参数

图 8-29　生成数据库文件

8.3.9　模拟和后处理

点击菜单栏中的 ■ 按钮，退出前处理界面，进入主窗口，在主窗口中，找到文件储存的位置（一般为默认），选中其中的 DB 文件，点击右侧"Simulator"中的"执行"。模拟完成后，选择"2D-3D"后处理选项。此时默认选中物体 "Workpiece"，单击 ● 按钮将只显示"Workpiece"这一个图形。在"step"窗口选择最后一步（60），在后侧变量中选择温度，坯料和下模温度显示如图 8-30 所示。

图 8-30　坯料及下模温度

8.4　热锻成形工序

8.4.1　打开原数据文件

退出后处理界面，回到主窗口，在主窗口中找到前面分析获得的数据文件"Enereraccumulator.DB"，选中后选择"2D/3D Pre ☆"选项，然后在弹出的对话框中选择第 60 步，如图 8-31 所示。

图 8-31　步骤选择

8.4.2　改变模拟控制

进入前处理界面，"模拟控制"参数设置对话框中，将"Operation Name"改为"Forging"，将"变形"和"热传"复选框同时选中，"操作序号"改为"3"，"网格数目"改为"2"，如图 8-32 所示。

图 8-32　改变模拟控制

8.4.3　设置坯料边界条件

下面将对坯料边界进行设置。选中"workpiece"，点击 🔵 只显示一个物体，进入"BCC"界面，点击"对称面"（两个对称面分别添加），选中坯料的对称面后点击 ，如图 8-33 所示。

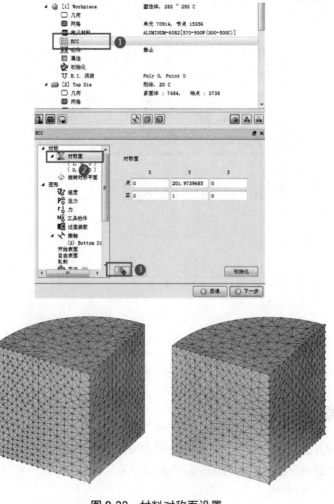

图 8-33　材料对称面设置

8.4.4 添加体积补偿参数

点击"属性",进入界面后,选中"FEM+网格划分"(在计算过程和重划分网格的时候都要考虑网格的目标体积)。然后单击 按钮,弹出的对话框中点击"Yes",系统会自动生成相关数据,如图 8-34 所示。

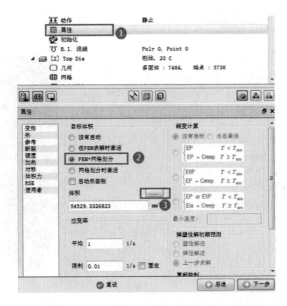

图 8-34 设置坯料的体积补偿参数

8.4.5 上模对称及运动设置

接下来对上模对称及运动进行设置,选中"Top Die",点击 只显示一个物体,点击"网格",进入界面后,将"单元数目"改为"8000",其他保持默认,点击"产生网格",如图 8-35 所示,将材料定义为"AISI-H-13"。

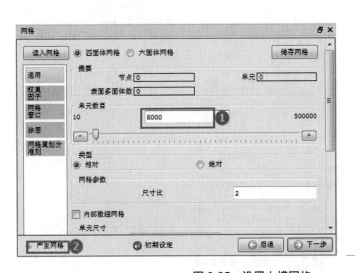

图 8-35 设置上模网格

　　进入"BCC"界面，点击"对称面"（两个对称面分别添加），选中坯料的对称面后点击 ，如图 8-36 所示，点击下一步，对上模的运动情况进行设置，定义在−Z 轴上的速度为 30mm/sec，如图 8-37 所示。

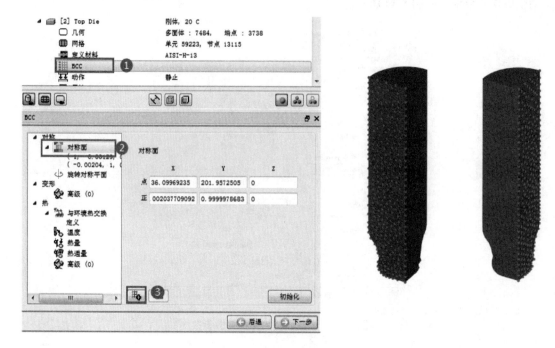

图 8-36　设置上模对称面

图 8-37　设置上模运动参数

8.4.6　下模对称设置

接下来下模进行对称设置，选中"Bottom Die"，点击 ![] 只显示一个物体。下模在之前已经进行过网格划分了，因此在这里不需要对下模进行网格划分。进入"BCC"界面，点击"对称面"（两个对称面分别添加），选中坯料的对称面后点击 ![]，如图 8-38 所示。

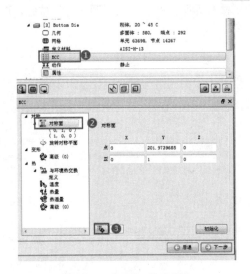

图 8-38　设置下模对称面

8.4.7　定位上模

处理完坯料和模具的对称后，需要对上模进行定位，点击"定位"，在出现的界面中点击"定位物件"，在"物件定位"中选择"干涉"，将"定位物件"改为"2- Top Die"，将"参考"改为"1- Workpiece"，接近方向为"−Z"，干涉值保持默认 0.0001，点击"应用"，点击"OK"，上模将从上往下靠拢坯料。设置完后的毛坯和模具形状如图 8-39 所示。

图 8-39　定位上模

8.4.8　设置接触关系

点击下一步，来到"接触"界面，点击"添加默认关系"，在界面生成了两个接触关系，勾选两个关系，点击　"Top- Die -（1）Workpiece"后面的　　　按钮，弹出定义对话框，定值中输入 0.3，将"热锻（润滑）"删除，在"热"界面中点击，选择"成形"，热传系数自动给定 11，点击"OK"，回到接触界面，点击"应用到所有"按钮，再点击"全部产生"按钮，如图 8-40 所示。

图 8-40　设置接触关系

8.4.9　设置停止条件

点击"停止控制"，在弹出的界面中点击"模具距离"，将参照 1 物件改为"2-Top Die"，点击　　按钮，将 Workpiece 中的　　　取消勾选，让坯料暂时不显示，然后点击上模的底面选取相关坐标，选择完成后点击　　按钮。使用相同的办法，将参照 2 中物件改为"3-Bootom Die"，点击下模的上表面选取相关坐标，选择完成后点击　　按钮，将方法改为"Z 轴上的距离"，将"距离"设为 5mm，如图 8-41 所示。

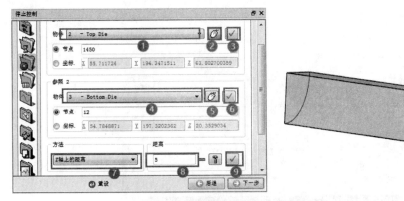

图 8-41　设置模具停止条件

8.4.10　模拟控制设置

点击"定位"中的"步数"，将"计算步数"设置为55，"每隔多少步数储存"改为5，模具信息中"主要模具"改为"2-Top Die"，点击 █，将"求解步定义"改为"模具位移"，"步数增量控制"改为0.7mm/step，如图8-42所示。

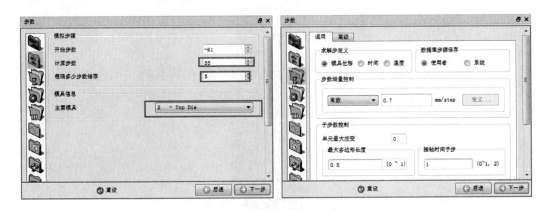

图 8-42　模拟控制参数设置

8.4.11　检查生成数据库文件

点击"标题"中的"产生 DB"选项，继续点击"检查数据"，继续点击"产生 DB 文件"，左下角的信息框出现"数据文件已产生"，如图8-43所示。

图 8-43　生成数据库文件

8.4.12　模拟和后处理

点击菜单栏中的 📕 按钮，退出前处理界面，进入主窗口，在主窗口中，找到文件储存的位置（一般为默认位置），选中其中的"DB"文件，点击右侧"Simulator"中的"执行"。模拟完成后，选择"2D-3D"后处理选项。此时默认选中物体"Workpiece"，在"step"窗口选择最后一步，在后处理左侧变量菜单栏中选择温度。成形后的模具及坯料显示如图 8-44 所示。

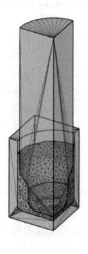

图 8-44　成形后的模具及坯料

选中"Workpice"，点击 ⚫ 只显示一个物体，坯料成形后的状态如图 8-45 所示。点击右侧状态栏的 🌡 温度按钮可以显示成形后坯料的温度，如图 8-46 所示。

图 8-45　坯料成形后的状态　　　　　　　图 8-46　坯料成形后的温度

　　点击左侧状态栏的 ![按钮] 按钮，弹出可选的状态栏，如图 8-47 所示，点 ![按钮] 按钮，显示出各种状态变量，此处选择等效应变和等效应力，坯料的状态图如图 8-48 所示。

图 8-47　状态变量示意图

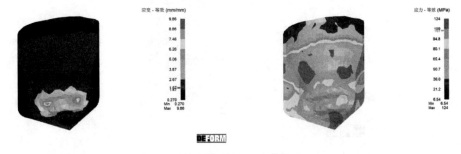

图 8-48　坯料等效应变和等效应力分布状态

　　通过相同的方法可以观察下模的状态，下模的温度分布状态如图 8-49 所示。
　　点击左侧 ![按钮]，选择"镜像"模式，点击"增加"，如图 8-50 所示，点击坯料的对称面将坯料补充完整。补充完成后的坯料如图 8-51 所示。
　　采用同样的方法将上模和下模补充完整，模具和坯料补充完整后的状态如图 8-52 所示。

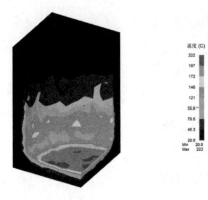

图 8-49　下模温度分布状态

图 8-50　设置对称定义

图 8-51　成形后完整的坯料形状

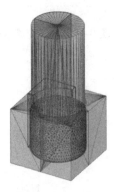

图 8-52　模具和坯料补充完整后的形状

8.5　车用蓄能器成形优化及结果分析

在成形过程中，模具的温度对于产品质量和生产效率至关重要，预热模具的优势主要如下：

① 消除热应力：模具预热可以使模具表面温度均匀分布，有效消除模具的热应力，减少因温度差异引起的变形和损坏，从而提高产品的尺寸稳定性和表面质量。

② 减少气孔和缩孔：模具预热可以有效排除模具内部的气孔和缩孔，减少产品的质量缺陷，提高产品的材质致密性和强度。

③ 提高耐磨性：模具预热可以提高模具表面的硬度和耐磨性，减少模具磨损，延长模具的使用寿命。

④ 减少热疲劳破裂：通过模具预热，可以减少模具在冷热循环过程中的热疲劳，降低模具发生热疲劳破裂的风险，增加模具的稳定性和可靠性。

⑤ 缩短生产周期：模具预热可以使模具迅速达到所需温度，减少生产启动时间，缩短生产周期，提高生产效率。

为了优化车用蓄能器的成形质量，将下模温度设置为 100℃，模拟结果中温度分布图和等效应力图如图 8-53 所示。通过与下模温度为 20℃的成形质量进行对比，可以发现 100℃时坯料成形后的温度和等效应力更低，对零件的成形质量有一定的提升，因此合适的下模温度对产品的成形质量有一定的帮助。

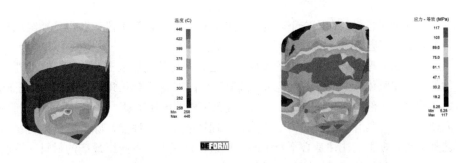

图 8-53　下模温度为 100℃时的温度分布图和等效应力图

第 9 章

热处理工艺仿真及分析

9.1 热处理工艺及分类

热处理是指材料在固态下，通过加热、保温和冷却等手段，获得预期组织和性能的一种金属热加工工艺。

金属热处理是机械制造中的重要工艺之一，与其他加工工艺相比，热处理一般不改变工件的形状和整体化学成分，而是通过改变工件内部的显微组织，或改变工件表面的化学成分，赋予或改善工件的使用性能。其特点是改善工件的内在质量，而这一般不是肉眼所能看到的。为使金属工件具有所需要的力学性能、物理性能和化学性能，除合理选用材料和各种成形工艺外，热处理工艺往往是必不可少的。钢铁是机械工业中应用最广的材料，钢铁显微组织复杂，可以通过热处理予以控制；另外，铝、铜、镁、钛等及其合金也都可以通过热处理改变其力学、物理和化学性能，以获得不同的使用性能。

金属热处理工艺大体可分为整体热处理、表面热处理和化学热处理三大类。根据加热介质、加热温度和冷却方法的不同，每一大类又可区分为若干不同的热处理工艺。同一种金属采用不同的热处理工艺，可获得不同的组织，从而具有不同的性能。钢铁是工业上应用最广的金属材料，而且钢铁显微组织也最为复杂，因此钢铁热处理工艺种类繁多。整体热处理是对工件整体加热，然后以适当的速度冷却，获得需要的金相组织，以改变其整体力学性能的金属热处理工艺。钢铁整体热处理大致有退火、正火、淬火和回火等四种基本工艺。

正火：将钢材或钢件加热到临界点 A_{c3} 或 ACM 以上的适当温度保持一定时间后在空气中冷却，得到珠光体类组织的热处理工艺。

退火：将亚共析钢工件加热至 A_{c3} 以上 $20 \sim 40{}^\circ\text{C}$，保温一段时间后，随炉缓慢冷却（埋在沙中或石灰中冷却）至 $500{}^\circ\text{C}$ 以下，最后在空气中冷却的热处理工艺。

淬火：将钢奥氏体化后以适当的速度冷却，使工件在横截面内全部或一定的范围内发生马氏体等不稳定组织结构转变的热处理工艺。

回火：将经过淬火的工件加热到临界点 A_{c1} 以下的适当温度保持一定时间，随后用符合要求的方法冷却，以获得所需要的组织和性能的热处理工艺。

正火能得到的组织更细，常用于改善材料的切削性能，有时也用于对一些要求不高的零件进行最终热处理。退火能使金属内部组织达到或接近平衡状态，获得良好的工艺性能和使用性能，或者为进一步淬火作组织准备。淬火是将工件加热保温后，在水、油或其他无机盐、有机水溶液等淬火介质中快速冷却。淬火后钢件变硬，但同时变脆，为了及时消除脆性，一般需要及时回火。回火是为了降低钢件的脆性，将淬火后的钢件在高于室温而低于650℃的某一适当温度进行长时间的保温，再进行冷却。

9.2　热处理仿真试验及结果分析

热处理向导是设置复杂的多操作热处理问题的便捷工具。本节将演示如何使用此向导来进行钢制零件的渗碳-淬火-回火模拟，可以帮助用户了解DEFORM-HT相变计算方案的功能。

在Windows系统中，转到 ⊞ 按钮选择 "DEFORM V12.1"，DEFORM GUI 主窗口如图9-1所示。

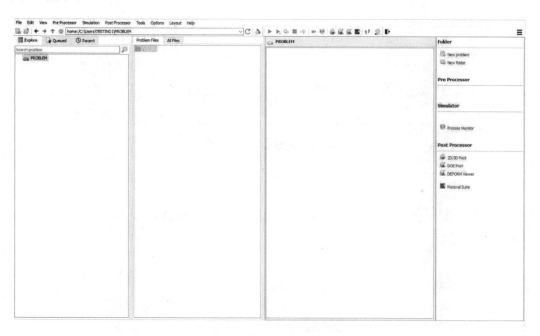

图 9-1　DEFORM GUI 主窗口

通过选择"文件 → 新问题 → New Problem"或单击"新建问题/New Problem"图标 📄 来创建新问题。出现"问题设置"窗口，如图9-2所示，选择图中的"集成制造工艺"单选按钮，并使用单选按钮将单位系统设置为"SI"。将问题名称定义为"GearHT"，然后单击 OK 按钮以使用集成制造工艺打开新问题。

集成制造工艺向导/Integrated Manufacturing Process Wizard 将打开，使用"GearHT"作为项目名称，如图9-3所示。

从"第一个操作/First Operation"下拉列表和复选框中选择它来添加"HT"操作。使用复制现有项目选项，我们可以将以前保存的项目作为新项目导入。单击 OK 以继续打开操作。

将打开多个操作向导/Multiple Operation Wizard。从"操作浏览器/Explorer Operation"列表中添加"3D HT 向导/3D HT Wizard"操作。通过单击"3D HT 向导/3D HT Wizard"旁边的按钮 ⊞ 添加操作，或者用户也可以通过拖放添加到操作编辑器中。

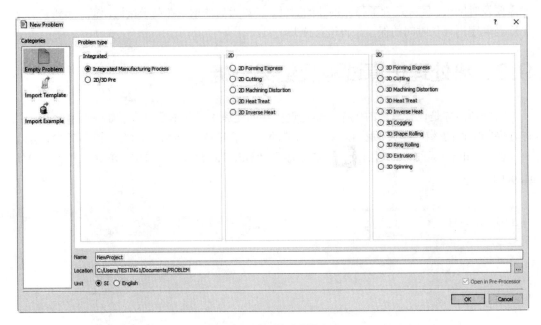

图 9-2　问题类型选择窗口

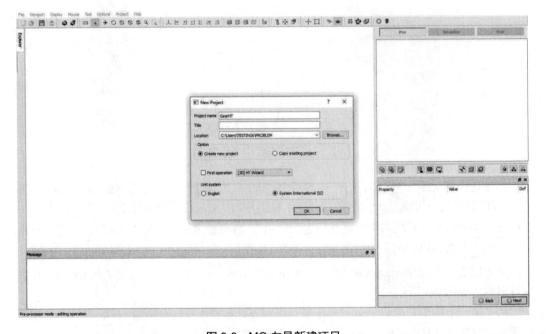

图 9-3　MO 向导新建项目

添加操作后，打开"工艺设置/Process Settings"页面，用户可以根据仿真要求以及步骤定义控制设置仿真模式，如图 9-4 所示。

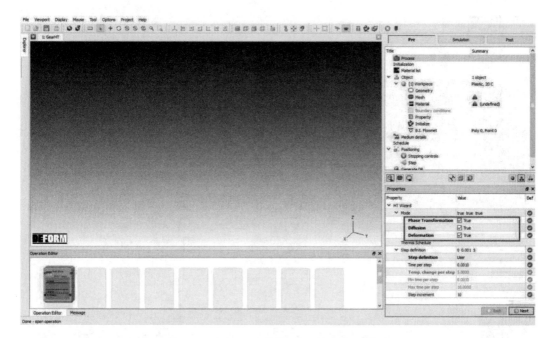

图 9-4 将 3D HT 向导添加到操作编辑器中

打开 "变形/Deformation"、"扩散/Diffusion" 和 "相变/Phase Transformation"。步骤定义/Step Definition 将在 "模拟控制/Simulation Controls" 页面中定义。单击 <kbd>Next</kbd> 使初始化页中的设置保持原样，如图 9-5 所示。然后单击 <kbd>Next</kbd>。

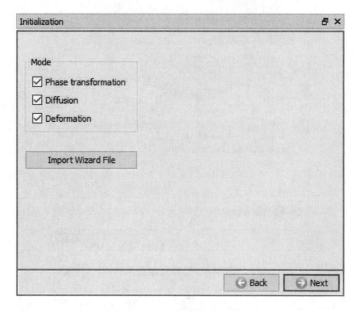

图 9-5 "初始化设置" 窗口

在 "材料/Material" 页面中，单击 按钮（从文件导入材料/Import Material From File）并从安装路径 "\SFTC\DEFORM\v*_*\3d\LABS" 目录导入 "Demo_Temper_Steel.KEY" 材料，如图 9-6 所示。单击 "材料选择/Material Selection" 对话框中的 <kbd>OK</kbd>，然后单击

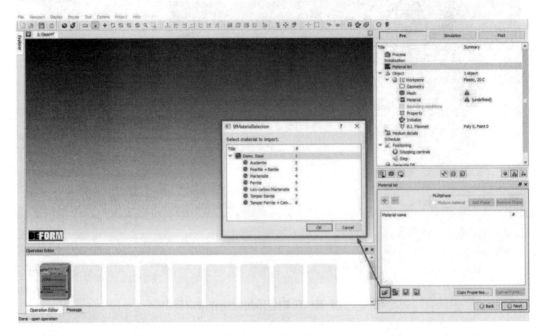

Next 直到工件对象页面。

图 9-6　导入材料

在工件页面中，将对象类型更改为"弹塑性/ Elasto-plastic"类型，然后单击 Next ，如图 9-7 所示。

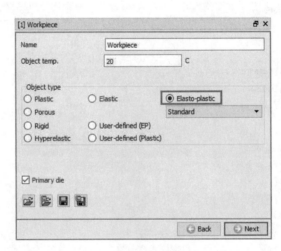

图 9-7　工件对象页面

在"几何图形/Geometry"页面中，单击 （从库中导入几何图形/Import Geometry From Library）选项，然后从安装路径"\SFTC\DEFORM\v*_*\3d\LABS"中导入"GearTooth.STL"文件，如图 9-8 所示。使用 Check 按钮检查几何。检查几何图形的显示消息如图 9-9 所示，单击 Next 。

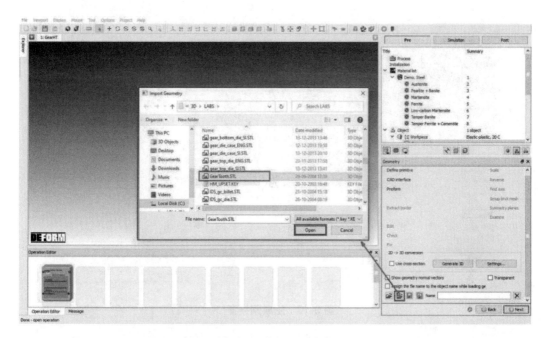

图 9-8 导入几何图形

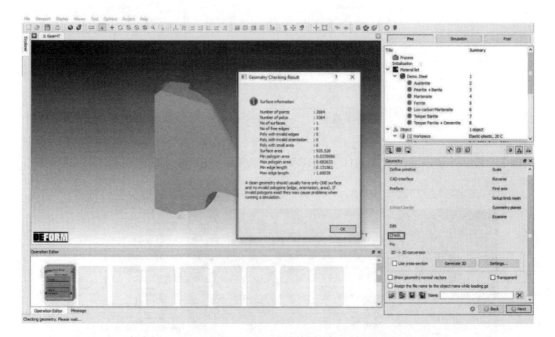

图 9-9 检查几何图形

在网格页面中，将网格单元的目标数量输入为 8000，或将滑块拖动到 8000，然后单击 Generate Mesh ，生成网格，网格化对象，如图 9-10 所示，单击 Next 。

选择并分配"Demo.Steel"材料，如图 9-11 所示，单击 Next 。

在工件的两侧指定对称曲面，如图 9-12 所示。此几何图形表示齿轮的半齿。

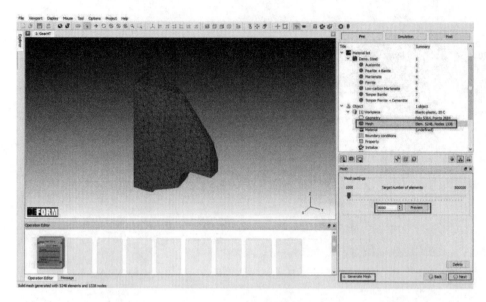

图 9-10　生成网格窗口

图 9-11　3DHTWL1.11 为工件指定材料

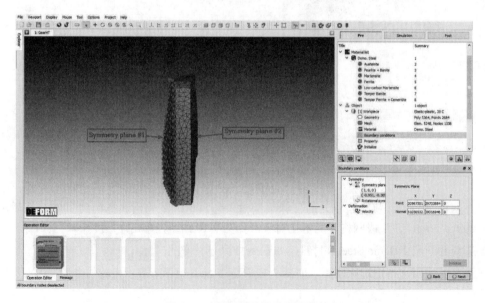

图 9-12　分配对称性边界条件

由于将模拟弹性塑性变形，因此需要在此处指定一些固定节点边界条件。可选择一个边界条件项，然后将其分配给相应的边界节点。对于此次模拟的工模具模型，由于对称平面在垂直于其自身平面的方向上提供约束，因此需要在 X、Y 和 Z 三个方向加以约束。在这里将节点固定在底部，如图 9-13 所示。

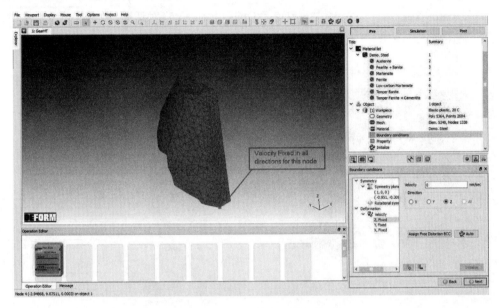

图 9-13　分配速度边界条件

单击"对象节点/Object Nodes" ⬦ 并选择"扩散/Diffusion"，然后使用按钮 📌 将"原子百分比/ Atom Percentage"设置为 0.2，如图 9-14 所示，使用范围选项分配，将 0.2 定义为值，然后单击 ✔ Close 按钮。单击 ✔ Ok 按钮关闭"初始化/Initialization"对话框。

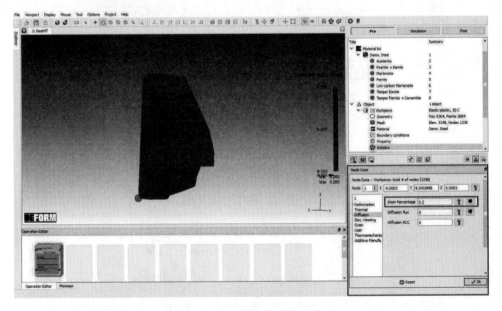

图 9-14　对象节点数据定义窗口

单击"对象单元/Object Elements" ⬡，然后在"微观结构/Microstructure"下选择"相变/Phase Transformation"选项卡。通过选择每个相位并使用 🔫 ，将"珠光体+贝氏体/Pearlite+Bainite"初始化为 1，其余部分为 0 ，如图 9-15 所示，使用范围选项分配，将 1 定义为值，然后单击 ⬇ Apply 按钮。单击 ✔ Close 按钮关闭"初始化/Initialization"对话框，然后单击 ✔ Ok 以关闭"对象单元/Object Elements"对话框。单击 ➜ Next 以定义介质详细信息。

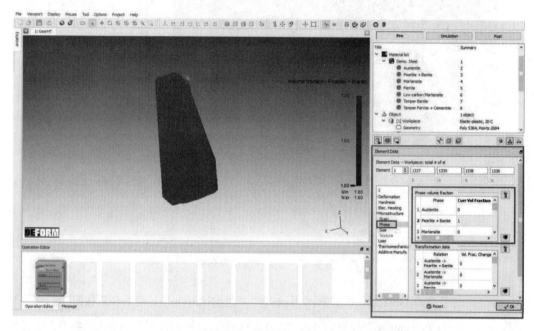

图 9-15　对象单元定义窗口

在"介质详细信息/Medium details"页面中，您将定义与其关联的各种介质和传热区域，如图 9-16 所示。

图 9-16　"介质详细信息"窗口

① 将第一种介质重命名为"Heating Furnace"，并将"默认/Default"传热系数（Heat Transfer Coefficient，HTC）设置为恒定的 0.1。通过勾选"辐射/Radiation"复选框激活辐射。

② 添加介质 "Carb. Furnace"（用于渗碳的介质）。将"默认/Default"传热系数（Heat Transfer Coefficient，HTC）设置为恒定的 0.05。对于"Carb. Furnace"，输入 0.0001 用于"扩散表面反应速率/Diffusion Surface Reaction Rate"。通过勾选"辐射/Radiation"复选框激活辐射。

③ 添加介质"Oil"。停用"辐射/Radiation"。输入 5.5 用于"默认/Default""HTC"。

将传热区（区域#1）添加到介质"Oil"中。单击工件边界，将此区域指定到工件底部，如图 9-17 所示。需要注意：为了正确指定区域，读者可能需要更改点选择窗口中的选择模式。

图 9-17　显示区域分配的介质详细信息窗口

对于"区域#1"，将"HTC"定义为温度的函数，具体温度及 HTC 数值如表 9-1 所示。具体设置方法是从下拉菜单中选择"f（Temp）"并使用 按钮，如图 9-18 所示。

表 9-1　温度及 HTC 值对应表

温度/℃	HTC
20	2.1
250	2.8
500	6.8
750	4.0
1000	2.5

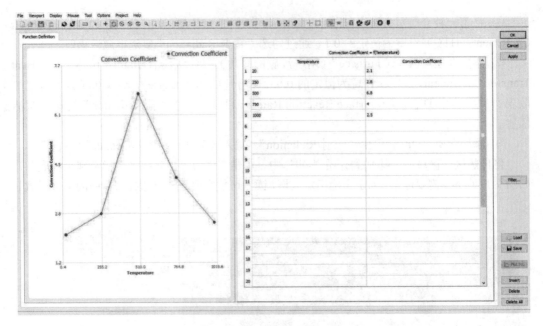

图 9-18　函数定义窗口

④ 添加介质"Air"。将"默认/Default"传热系数（Heat Transfer Coefficient，HTC）设置为恒定的 0.02。通过勾选"辐射/Radiation"复选框激活辐射。

由于本次模拟试验将进行五个阶段热处理过程，因此在"计划/Schedule"页面中输入五阶段计划方案，如图 9-19 所示，具体五阶段计划方案阐述如下：

① 在 550℃ 下预热 30min（1800s）；
② 在 850℃ 下渗碳 2h（7200s）；将"原子/Atom"数值设置为 0.8。
③ 油温 100℃ 下油淬 20min（1200s）；
④ 在 280℃ 下回火 30min（1800s）；
⑤ 在空气中冷却 1h（3600s）。

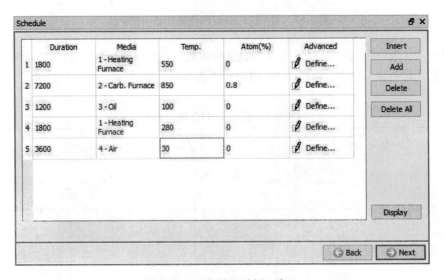

图 9-19　"热处理计划"窗口

可使用高级列表中的按钮 ✏ Define... 修改每个阶段的设置。用户可以根据定义的阶段设置"启动操作/Start Operation"编号从任何阶段开始。在本次模拟试验中，编号开始时使用 1。单击 ⊙ Next 直到"模拟控制/Simulation Controls"页面。

在"步骤定义/Step Definition"中，选择"自动/Auto"单选按钮，然后将"每步更改温度/Temp. change per step"更改为 2 ℃，其他接受系统默认值设置，如图 9-20 所示。

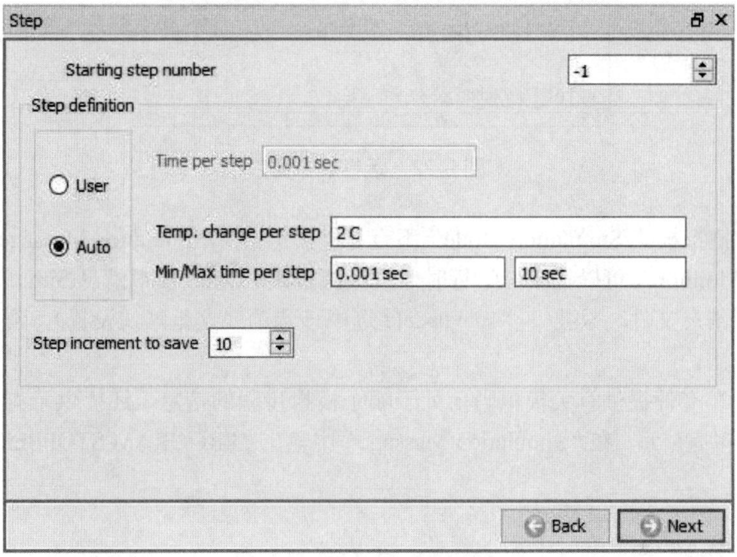

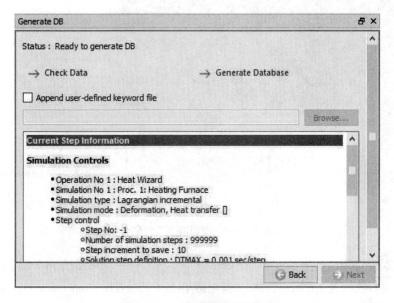

图 9-20　模拟控制窗口

单击 Check 操作标签以检查问题。通过点击 → Generate Database 按钮生成数据库文件，见图 9-21。

图 9-21　"生成数据库"窗口

当点击"运行/Run"选项时，将打开"运行模拟/Run Simulation"对话框，默认情况下，"从最后一个负步骤开始/Start from last negative step"选项对于此模拟是可以的。单击 OK 以显示运行模拟对话框。当点击 OK 按钮时，模拟开始，如图 9-22 所示。

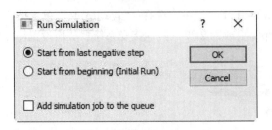

图 9-22　运行模拟窗口

通过在"模拟模式/Simulation Mode"下查看"模拟消息/Simulation Message"和"进程监视器/Process Monitor"，可以在模拟运行时监视模拟进度。点击"模拟消息/Simulation Message"选项卡以查看消息文件。只要 ☑ Auto update 选中该选项（这是默认设置），消息文件将每隔几秒钟刷新一次。

"Message"文件提供有关模拟当前处于哪个模拟步骤的信息，还提供了有关模拟运行情况的信息。模拟完成后，在"Simulation Message"中输出"PROGRAM STOPPED!"，如图 9-23 所示。

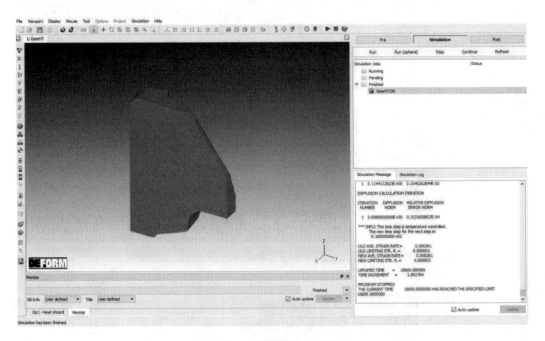

图 9-23　"模拟消息"选项卡

模拟试验完成后，点击 Post 。在"步骤浏览器/Step Browser"中，单击 All 按钮以查看所有步骤，"温度最小-最大历史/The temperature min-max history"项如图 9-24 所示。

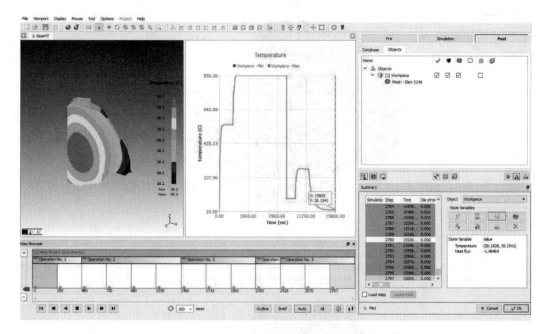

图 9-24 显示温度最小-最大历史记录的状态变量

在后处理中，建议执行以下操作：

① 检查油淬后工件的状态。感兴趣的状态变量可能包括含碳量/Carbon Content、马氏体/Martensite（M）、铁素体/Ferrite（F）和珠光体/Perlite + 贝氏体/Banite（PB）的体积分数以及残余应力。此时须注意，靠近齿面的马氏体体积分数达 0.774，最大等效应力约为 2930MPa，如图 9-25 和图 9-26 所示（请注意：在现实生产中，当工件破裂时可能不存在如此高的应力）。

② 回火后检查相同的状态变量。请注意，靠近齿面的马氏体含量被还原为 0.24，其中大部分转化为回火铁素体/Tempered Ferrite +渗碳体/Cementite（TFC）。将等效应力降低至258MPa，如图 9-27 和图 9-28 所示。

③ 工件不同位置的点跟踪相的体积分数有助于了解所发生的复杂现象。

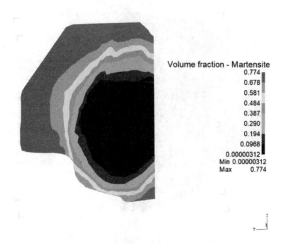

图 9-25 油淬后马氏体含量

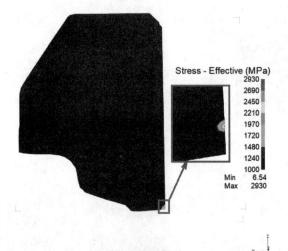

图 9-26　油淬后等效应力云图

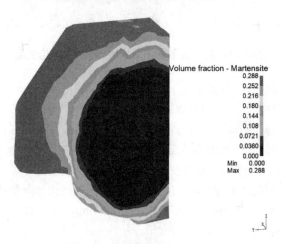

图 9-27　回火后马氏体含量

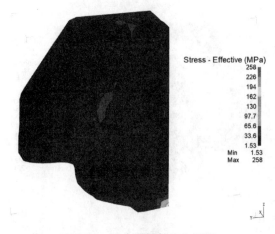

图 9-28　回火后等效应力云图

参考文献

[1] 胡建军，李小军.DEFORM-3D 塑性成形 CAE 应用教程[M]. 北京：北京大学出版社，2011.

[2] 胡建军，李小军.DEFORM-3D 塑性成形 CAE 应用教程 [M]. 2 版.北京：北京大学出版社，2020.

[3] 张莉，李升军.DEFORM 在金属塑性成形中的应用[M]. 北京：机械工业出版社，2009.

[4] 孔凡新，等. 金属塑性成型 CAE 技术：DYNAFORM 及 DEFORM[M]. 北京：电子工业出版社，2018.

[5] 董湘怀，吴树森，等.材料成形理论基础[M]. 北京：化学工业出版社，2008.

[6] 张存生，王延庆，等.金属塑性成形 CAE 技术及应用：基于 DYNAFORM 和 DEFORM 的案例分析[M]. 北京：化学工业出版社，2022.

[7] 李尚健.金属塑性成形过程模拟[M]. 北京：机械工业出版社，1999.

[8] 林忠钦，等.车身覆盖件冲压成形仿真[M]. 北京：机械工业出版社，2005.

[9] 吴梦陵，张珑.材料成型 CAE 技术及应用[M]. 北京：电子工业出版社，2011.

[10] 梅瑞斌.金属塑性加工过程有限元数值模拟及软件应用[M]. 北京：科学出版社，2020.

[11] 刘文科，张康生，王福恒.DEFORM-3D 在楔横轧成形模拟中的应用[J]. 冶金设备，2010（03）：52-59.

[12] 林新波. DEFORM-2D 和 DEFORM-3D CAE 软件在模拟金属塑性变形过程中的应用[J]. 模具技术，2000（03）：75-80.

[13] 龚红英.车用热镀锌钢板拉深成形特性研究[D]. 上海：上海交通大学，2005.

[14] 龚红英，何丹农，张质良.计算机仿真技术在现代冲压成形过程中的应用[J]. 锻压技术，2003（5）：35-38.

[15] Rodak Kinga，Kuc Dariusz，Mikuszewski Tomasz. Superplastic deform- 3Dation of Al-Cu alloys after grain refinement by extrusion combined with reversible torsion[J]. Materials（Basel，Switzerland），2020，13（24）：58-89.

[16] 彭颖红. 金属塑性成形数值模拟技术[M]. 上海：上海交通大学出版社，1999.

[17] Lee Jin Kyung，Lee Sang Pill，Lee Jong Sup. Change of microstructure and hardness of duo-casted Al3003/Al4004 clad material during extrusion process[J]. Metals，2020，10（12）：35-78.

[18] Wang Yongxiao，Zhao Guoqun. Hot extrusion processing of Al-Li alloy profiles and related issues：A review[J]. Chinese Journal of Mechanical Engineering，2020，33（1）：64-77.

[19] Hou Hongling，Zhang Guangpeng，Zhao Yongqiang. Numerical simulation and process optimization of internal thread cold extrusion process[J]. Materials，2020，13（18）：12-15.

[20] Barlat F，Lian J. Plasticity Behavior and Stretchability of Sheet Metals[J]. International Journal of Plasticity，1989，51：51-66.

[21] 钟志华，李光耀，等.薄板冲压成型过程的计算机数值模拟与应用[M]. 北京：北京理工大学出版社，1998.

[22] 赵玲彦，陈东东，严继康.挤压工艺制备空心锡合金杆变形行为的 Deform-3D 有限元模拟[J]. 金属材料与冶金工程，2021，49（06）：45-52.

[23] Lefebvre D，Haug E，Hatt F. Industrial applications of computer simulation in stamping[J]. J.Mat.Proc.Tech，1994，46：351-389.

[24] 崔令江.汽车覆盖件冲压成形技术[M]. 北京：机械工业出版社，2003.

[25] 李佳林，邵耿，郭斌.基于 DEFORM-3D 的柱塞冷挤压成形质量分析[J]. 机械工程师，2022（02）：99-101.

[26] Kumar S D，Karthik D，Mandal A，Kumar JSR P. Optimization of thixoforging process parameters of A356 alloy using taguchi's experimental design and DEFORM simulation[J]. Mater Today Proc，2017，4：9987–9991.

[27] 胡祚麻，刘淑梅，毛欣然. 基于 Deform 与响应面法的蓄能器壳体冷挤压成形工艺优化[J]. 模具工业，2021，47（10）：1-7.

[28] 宋志远，刘淑梅，莫壮壮，等. 基于响应面法的蓄能器壳体工艺优化[J]. 轻工机械，2020，38（02）：90-94.

[29] Meng Liu，Ji Zesheng，Li Xuemei. Research progress of cold extrusion technology for light alloy internal thread[J]. IOP

Conference Series：Materials Science and Engineering，2019，688（3）.

[30] Cheng Yan，Zhang Liwen. The optimal design of cold extrusion die and its realization[J]. Applied Mechanics and Materials，2013.

[31] 郑莹，吴国勇，等. 板料成形数值模拟发展. 塑性工程学报[J]. 1996，3（4）：34-47.

[32] 佘毅赟. 国内外铁路碳素钢车轴制造材料标准异同分析探讨[J]. 电力机车与城轨车辆，2010，33（02）：49-51.

[33] 郑中，刘宏亮，刘艳超，等.Deform-3D 在材料加工中的应用[J]. 数字技术与应用，2014，32（01）：82.

[34] 王新华. 汽车冲压技术[M]. 北京：北京理工大学出版社，1999.

[35] 李尧. 金属塑性成形原理[M]. 北京：机械工业出版社，2004.

[36] 俞汉清，陈金德.金属塑性成形原理[M]. 北京：机械工业出版社，1999.

[37] 王磊，杨启正，张如华. 基于 Deform-3D 的板条冲压扭曲成形数值模拟[J]. 模具工业，2021，47（06）：10-15.

[38] 朱叶，赵景存.基于 Deform-3D 软件对 AISI4340 钢 Φ600mm 铸坯开坯工艺参数的模拟数值[J]. 特殊钢，2021，42（01）：11-15.

[39] 王冠豪，刘国飞，宋建博，等. 基于 Deform-3D 的薄壁深筒零件成形工艺及挤压模具设计[J]. 内燃机与配件，2019，40（20）：106-107.

[40] 印雄飞，何丹农. 虚拟速度对板料成形数值模拟影响的试验研究[J]. 机械科学与技术，2000，19（3）：452-453.

[41] 胡恩球，张新芳. 有限元网格生成方法发展综述[J]. 计算机辅助设计与图形学学报，1997，9（4）：378-383.

[42] 印雄飞，叶又，等. 板料成形数值模拟中计算时间的控制[J]. 模具工业，1999，7：11-13.

[43] 孙希延，礼泉永，等. 板料拉伸成形数值模拟中动态接触的处理[J]. 模具工业，2002，8：10-13.

[44] 史慧楠，韩亭鹤，李月，等. 基于 Deform-3D 的钢球热压成形工艺优化[J]. 轴承，2019，62（04）：26-29.

[45] Huang H，Lu Y. Simulation of hot stamping process based on deform-3D software[J]. Journal of Physics：Conference Series，2020，1549（3）：32-33.

[46] Jalkh P，Cao Jian，Hardt D，et al. Optimal forming of aluminum 2008-T4 conical Cups using force trajectory control [C]. Proceedings of the North American Deep Drawing Research Group Sheet Metal and Stamping Symposium. Washington D.C.，USA：SAE，1993：101-112.

[47] Zhang Qinjian，Cao Jianguo，Wang Huiying. Ultrasonic surface strengthening of train axle material 30CrMoA[J]. Procedia Cirp，2016，42：853-857.

[48] 李传民，束学道，胡正寰. 铁道车辆用车轴成形方法现状与研究[J]. 冶金设备，2006（06）：5-8.

[49] 许树勤，赵健. 圆环镦粗法测摩擦因子用标定曲线的公式表达[J]. 塑性工程学报，2002（3）：25-27.

[50] 王忠雷，赵国群. 精密锻造技术的研究现状及发展趋势[J]. 精密成形工程，2009，1（01）：32-38.

[51] 卢险峰. 冷锻工艺模具学[M]. 北京：化学工业出版社，2008.

[52] 肖景容，李尚健. 塑性成形模拟理论[M]. 武汉：华中理工大学出版社，1994.

[53] 龚红英，娄臻亮，张质良. 板材拉深成形性能智能化预测系统[J]. 金属成形工艺，2003，6：21-25.

[54] 张如华. 冲压工艺与冲模设计[M]. 北京：清华大学出版社，2006.

[55] 周志伟，龚红英，贾星鹏，等. 铝合金蓄能器壳体冷挤压成形多目标优化[J]. 有色金属科学与工程，2021，12（01）：67-74.

[56] 任伟伟.6082 铝合金复杂枝杈类锻件热变形过程内部组织演变及精确成形技术研究[D]. 北京：机械科学研究总院，2018.

[57] 刘相华. 刚塑性有限元理论、方法及应用[M]. 北京：科学出版社，2013.

[58] 刘玉红，李付国，吴诗惇. 体积成形数值模拟技术的研究现状及发展趋势[J]. 航空学报，2002（06）：547-555.